食べられる草ハンドブック

森 昭彦

自由国民社

はじめに

ナズナ、シロザ、アザミ――いまでは〝道端の雑草〟と思われて久しいが、かつては菜園などで育てられた〝菜〟であった。ハコベやスベリヒユも、庭先に種子を蒔いて、季節ごとに家庭の食卓を賑わせたようである。

なかば〝失われつつある風味〟につき、近年、注目が集まり、良書も多く刊行されるようになった。その調理法も中華から西洋まで、実に多彩なレシピが羊の群れがごとく並んで楽しいものだが、なによりも大切なのは「採集方法」と「下ごしらえ」。

本書をきっかけに、安全に楽しみつつ、身近な自然世界に大きな好奇心を向けてくださったら望外の幸せである。

2021年4月25日　著者

目次

雑草という名の魅力

ハハコグサほか（東京都練馬区）

〝雑草〟には、まずもって〝いかがわしい〟あるいは〝はた迷惑な〟というインパクトを受ける。

「雑」という字は「いろいろなもの（こと）が交ざる」を表現しており、実際、自然豊かな地域では400～500種類もの雑草がそれは元気よく茂っているといわれる。そのうち数十種類ほどが人智を遥かに凌ぐ方法で猛威を振るう迷惑雑草（あるいは強害草）と呼ばれ、玄関先や庭先でもって家主に強烈なインパクトとストレスを与えている。

こうした顔ぶれは、多くの植物が決して耐えることができぬ環境で、あらゆるストレスや困苦を乗り越えて繁栄する。祖先たちは、古代から〝その実力〟を正当に評価し、身をもって食用・薬用に活用する道を切り拓きつつ、知識や伝承を残すことに努めてくれた。そのお陰で、現代科学もこれを認め（あるいは否認）することができ、目に見えないリスクなどを教えてくれるようになった。

〝雑〟草というだけに、それぞれの種族に、いまだ知られぬいろいろな魅力を宿している。いつだって、すぐ身近にいて、ひと花咲かせ、あなたが知りたいと思えば、すぐ手が届く。

ほんの少し〝恵み〟にあずかり、五感で味わえば、思わぬ〝愉しさ〟に驚くことも。ごく身近な世界でも、知的好奇心を躍らせることが叶う。

巧緻の妙味

〝持ち味〟とか〝ユニークな個性〟というのは、雑草の世界にも広がっている。

シロザやアカザは、野草料理の世界では高名な食材。ミネラルやビタミンなどの栄養素がとても豊富だが、好き嫌いが分かれる。こうした成分が〝多い〟と、風味に「独特のクセ」が出るもの。

スベリヒユは、ミネラル類の貯蔵庫みたいな植物であるが、おもしろいことに「まるでクセがなく、どんな料理にも合う」。とりわけ夏バテしやすい時期にうわっと生えてくるので、初夏になると暑気あたり除けとして、各地で美味しく食べられている。

(上)春の野花のちらし寿司(下)ショカツサイのおにぎり(提供：料理研究家 Miki氏)

ハコベやコハコベも、栄養豊富な食材・薬草として賞賛されるが、普通に食べると独特なクセがむわっと広がり、思わず眉根を寄せる。一方ウシハコベは栄養面では遜色ないのに、野草を食べ慣れない人も「おいしい」と驚く。

このように同じ種族でも明らかな違いがあり、それぞれを使い分け、より良い下ごしらえや調理法がある。

雑草たちは、生命を謳歌するために巧緻に長けた工夫に余念がなく、ヒトもまた「どうしたら恩恵にあずかれるか」と知恵と技法を試行してきた。野草料理研究家が美味しい料理を出すのは、まず食材の選び方がまるで違う。種族の見極め、旬、下ごしらえ、収穫場所にこだわりがある。そして何よりも**リスクの回避**が徹底される。

植物〝毒〟の世界

(上)ニリンソウ(中)ヤマトリカブト
(下) ゲンノショウコ

「有毒な植物も、加熱すれば大丈夫ですよね?」しばしば受ける〝とても率直な質問〟である。

ご本人は「そう聞いているし、そう信じている」ので、答え方がちょっとむつかしい。

結論だけをいうと「多くの場合、家庭の加熱では減毒できません」。中毒で死亡・入院される方々も加熱調理をしていたのである。

とりわけ生命を脅かし、重篤な神経障害などを起こす猛毒植物の成分は、加熱してもその大半が残ることが知られている。なかにはインゲンマメのように、中途半端な加熱(約80℃)であると、毒性が増加してしまうケースもあったりと、植物やその成分ごとにまるで違う動き方をする。ひとくくりに「この処理をすれば万全」というものは、残念ながら、いまのところ知られていない。

この問題について、実はもっとも簡単な解決方法が確かに存在する。

「悩んだら、採らない」。これで誰もが幸せである。

「これは食用にできる植物」と確信できたら、「伝統的な下ごしらえ」をしっかりやる。たったこれだけで、凶暴なまでの吐き気や、灼熱の針で刺されたような腹痛でのたうち回る機会から解放される。

そしてもうひとつ、近年になり、古くも新しい〝リスク〟が高まっていることに気をつけたい。

自然度が高いほどリスクも増大

つい50年ほど前は「くれぐれも、気をつけなさい」と厳しく言われていたものに〝寄生虫の存在〟がある。暮らしぶりが変わってゆくなかで、すっかり忘れられてしまった。

かつてはさんざん苦しめられた人間は、農薬や害獣除けなどを次々と開発した。現代人はその恩恵にあずかることで、寄生虫なぞすっかり忘れても安穏と暮らせるようになった。

野生動物が人里に降りてくるようになると、状況は一変した。それまで見なかった小動物や寄生虫が各地で広がり、大問題となっている。雑草や野草に付着するため、これまで以上に寄生虫への警戒が必要とされているが、こうした声はあまり聞かれない。

本書では、**「よく水洗いし」**、**「熱湯で茹でる」**が頻出する。植物体に付着している卵や幼体をしっかりと取り除き、少なくとも60℃以上に加熱することで、安全圏を確保しておきたいがためである（炒め物や煮物は、具材が多く、加熱むらが起きやすい。まずは単体で茹でることをご推奨する）。

生食できるものでも、初学者のうちは熱湯で茹でてから、をお勧めしたい。

そして**家畜舎や牧場のそばでの採集も避けておきたい**。家畜が体外に排出したものに寄生生物体が含まれ、それが植物に付着し、ヒトに感染する事例も。基本を守れば危難は避けられる。

いつもの道ばた
ほぼ1年を通じて食べられる草

ニラ

ヒガンバナ科ネギ属
Allium tuberosum

分布 本州～九州
開花期 8～10月
性質 多年生
収穫期 ほぼ通年
利用部位 葉、花
特徴 葉は平らな剣状に伸び、ちぎると強烈な匂いがある。初夏から晩秋に星形の白花をブーケ状に広げる。こぼれダネや根っこで殖える。

イチオシ

COOKING GUIDE

蒸す

揚げる

焼く

炒める

炊く

茹でる
漬ける

あらゆる料理に馴染むが、とりわけ美味なのが新芽の時期。根本の白い部分は甘みが豊かで、浅漬け、浸し物でシンプルに楽しむ。

ノビル

ヒガンバナ科ネギ属
Allium macrostemon

分布 北海道～ 九州
開花期 5～6月
性質 多年生
収穫期 ほぼ通年
利用部位 葉、鱗茎
特徴 葉は筒状で、その断面は三日月形。ちぎると強いニラの匂いがある。花は星形で淡い紅紫色。花の部分にむかごをつけることが多い。

イチオシ

蒸す

揚げる

焼く

炒める

炊く

茹でる
漬ける

葉は万能の薬味。水洗い後、蒸し料理、炒め料理、丼・麺類の薬味などに。鱗茎は水洗い後、味噌をつけて刺激的な香味を楽しむ。

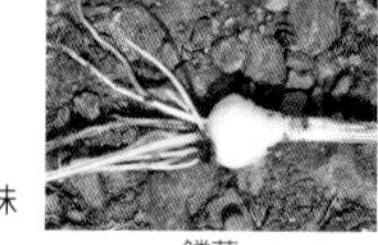
鱗茎

ユキノシタ

ユキノシタ科ユキノシタ属
Saxifraga stolonifera

イチオシ

分布 本州～九州
開花期 5～6月
性質 多年生
収穫期 ほぼ通年
利用部位 葉
特徴 ギザギザしたウチワ状の葉で、表面に白い脈状の模様と赤褐色の斑紋を浮かべる。花は白地に紅いスポット模様を浮かべる。

蒸す　揚げる　焼く　炒める　炊く　茹でる　漬ける

葉は丁寧に水洗いの後、水気を拭い、裏面にコロモを薄くつけて揚げる。美味。塩茹で後、水気を除き浸し物、和え物でも美味しい。

花

ハルユキノシタ

ユキノシタ科ユキノシタ属
Saxifraga nipponica

イチオシ

分布 本州～九州
開花期 4～5月
性質 多年生
収穫期 ほぼ通年
利用部位 葉
特徴 ユキノシタとそっくりだが、葉の表面に「赤褐色の斑紋」はない。白い花には黄色いスポットがあるだけで「紅いスポット」はない。

蒸す　揚げる　焼く　炒める　炊く　茹でる　漬ける

採集・調理法はユキノシタと同じ。風味はこちらの方が美味しい気がする。野生分布は上記の通りだが広く栽培されるので逸出する。

花

カタバミ

カタバミ科カタバミ属
Oxalis corniculata

分布 北海道〜琉球
開花期 3〜11月
性質 多年生
収穫期 ほぼ通年
利用部位 茎葉、花
特徴 ハート形をした緑色の葉が3枚セットになって、地を這うように茂る。花色は明るい黄色1色。種子を飛ばして周囲に広がる。

有害なシュウ酸を多く含むため、味見程度にして多食は避ける。葉と花をよく水洗いしたのち、刻んで麺類や丼ものの薬味などで。

ムラサキカタバミ

カタバミ科カタバミ属
Oxalis corymbosa

分布 北海道〜琉球
開花期 4〜9月
性質 多年生
収穫期 ほぼ通年
利用部位 葉、花
特徴 大きな緑色の葉をこんもりと茂らせる。花色は淡い紫で、花びらの奥のほうが白く色抜けする。タネはつけず地下の鱗茎の鱗片で殖える。

シュウ酸を多く含むため少量だけ。葉を重曹を入れた熱湯で茹で、水に晒し、これを薬味にしたり浅漬けに混ぜる。花は生食可。

イモカタバミ

カタバミ科カタバミ属
Oxalis articulata

分布 秋田宮城以南〜九州
開花期 4〜9月
性質 多年生
収穫期 ほぼ通年
利用部位 葉、花
特徴 ムラサキカタバミとそっくりだが、花色は濃厚な紅紫で、花びらの奥も色彩は濃厚。タネはつけず地下の塊茎につく子イモで殖える。

注意点・採集・調理法はムラサキカタバミと同じ。どちらの花も生食でき（少量にする）、水洗い後、サラダなどに飾って楽しむ。

ゲンノショウコ

フウロソウ科フウロソウ属
Geranium thunbergii

分布 北海道〜九州
開花期 7〜10月
性質 多年生
収穫期 ほぼ通年
利用部位 葉
特徴 全草に毛を生やし、葉は手のひら状に3〜5裂する。若葉の表面には暗い紫色の斑紋を浮かべる。丸ぽちゃの花色は紅色〜白色。

花

葉は薬湯（健胃、整腸、下痢止めなど）。乾燥葉であると極めて苦い。生葉でハーブティーを作るとサッパリして美味。入浴剤にも。

ナズナ

アブラナ科ナズナ属
Capsella bursa-pastoris var. *triangularis*

分布 北海道～琉球
開花期 ほぼ通年
性質 越年生
収穫期 ほぼ通年
利用部位 柔らかい葉、主根
特徴 ロゼットの葉は羽状に深く切れ込む(変異が多い)。茎につく葉はその根元部分が矢じり状になって茎を抱く。果実は「正三角形」。

綺麗な葉を摘み、よく水洗いして塩茹で。水に晒したあと、食べやすい大きさに切って粥、雑炊、炒め物に。根のふとい部分(主根)はキンピラが美味。

ホソミナズナ

アブラナ科ナズナ属
Capsella bursa-pastoris var. *bursa-pastoris*

分布 詳細不明
開花期 ほぼ通年
性質 越年生
収穫期 ほぼ通年
利用部位 柔らかい葉、主根
特徴 見た目はナズナと同様で、葉の形には変化が極めて多いヨーロッパ原産の帰化植物。果実の形が「二等辺三角形」になることが多い。

採集・調理法はナズナと同様。本種とナズナの主根はゴボウの香味・食感があり、キンピラなどの炒め物のほか汁物にしても美味。

タネツケバナ

アブラナ科タネツケバナ属
Cardamine occulta

分布 北海道〜九州

開花期 4〜6月

性質 越年生

収穫期 ほぼ通年

利用部位 葉

特徴 やや立ち上がり、ばらけたように葉を茂らせる傾向がある。全草に「毛がある」ことが多く、頂小葉の長さが横幅の2倍以内。

イチオシ

クレソン風味で美味。茎葉をよく水洗いし、軽く塩茹でして水に晒す。サラダやお浸しに最適で、炒め物や肉料理に添えてもよい。

オオバタネツケバナ

アブラナ科タネツケバナ属
Cardamine scutata

分布 北海道〜九州

開花期 3〜6月

性質 多年生

収穫期 ほぼ通年

利用部位 葉

特徴 大きく立ち上がり、全草に「毛がない」。頂小葉の長さが横幅の2倍以上になりよく目立つ。水辺などでよく見られる。

イチオシ

採集・調理法はタネツケバナと同様。刺激的な香味は少なく、初心者にもとっつきやすい。全草が大きいので採集もしやすい。

オランダガラシ（クレソン）

アブラナ科オランダガラシ属
Nasturtium officinale

分布 北海道〜九州
開花期 4〜6月
性質 多年生
収穫期 ほぼ通年
利用部位 茎葉
特徴 水辺または水中に棲む。全草無毛。若い葉はまるっこいが、成長すると細長く伸びる。花色は白でブーケのように密集して咲かせる。

調理法はタネツケバナ類と同様。水の澄んだ所で採集する。寄生虫などの中間宿主になることがあり、熱湯での加熱調理を強く推奨。

ツルナ

ハマミズナ科ツルナ属
Tetragonia tetragonoides

分布 北海道〜琉球
開花期 5〜9月
性質 多年生
収穫期 ほぼ通年
利用部位 柔らかな茎葉
特徴 葉は肉厚で三角状。しっとりとして柔らかい。葉のつけ根に小さな黄色い花をつける。海浜に多く棲むが、内陸でも栽培され、こぼれダネでよく殖える。

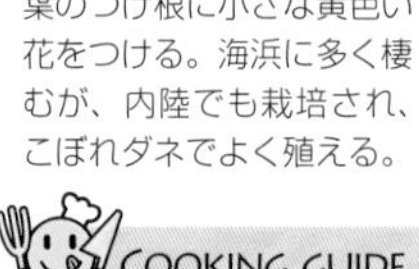

葉はホウレンソウ風味。丁寧に水洗いしたら天ぷらに。重曹か塩を入れた熱湯で茹で、水に晒し、お浸し、炒め物、スープの具に。

ヤブタビラコ

キク科ヤブタビラコ属

Lapsanastrum humile

分布 北海道〜九州

開花期 ほぼ通年

性質 越年生

収穫期 ほぼ通年

利用部位 柔らかい葉

特徴 葉は互い違いに深く切れ込むことが多い。茎を伸ばしてその先に花をつけること、茎や葉に毛が多いことでコオニタビラコと見分けることができる。

綺麗な葉を摘み、よく水洗いして軽く塩茹でする。水に晒してから食べやすいサイズに刻み、粥や雑炊、椀物の具に。炒め物にも。

セイヨウタンポポ種群

キク科タンポポ属

Taraxacum officinale agg.

分布 北海道〜琉球

開花期 ほぼ通年

性質 多年生

収穫期 ほぼ通年

利用部位 葉、花、根茎

特徴 総苞片は反り返ることが多い(例外も多数)。現在は外見の特徴を総合し、花粉で識別(大きさがバラバラなら本種の可能性あり)。

花はよく洗ってサラダに添えたりバーニャカウダーで。天ぷらも美味。葉は水洗い、塩茹でし、水に晒してから炒め物に。

ツワブキ

キク科ツワブキ属
Farfugium japonicum

分布 本州〜琉球
開花期 10〜12月
性質 多年生
収穫期 ほぼ通年
利用部位 葉柄、つぼみ・花
特徴 ハート状の葉にはテカテカした光沢があり、これを尊大なまでに大きく広げて茂る。冬に黄色い花を咲かせる。

葉の柄の部分だけを使う。水洗いして天ぷらに。あるいは塩茹でからしっかり水に晒し、皮を剥いてお浸し、煮物に。つぼみと花も天ぷらで。

ヒメジョオン

キク科アズマギク属
Erigeron annuus

分布 北海道〜九州
開花期 6〜10月
性質 1〜越年生
収穫期 ほぼ通年
利用部位 葉、つぼんだ花茎
特徴 葉は、そのつけ根にかけて細くなり、茎を抱かない。花びらは太め。「開花期」に株元を見たとき、一番下の葉が「消失」している。

若くて綺麗な葉を摘み、水洗いして塩茹でで。よく水に晒し、マヨネーズなどで楽しむか炒め物に。つぼみがついた花茎は天ぷらで。

葉

ハルジオン

キク科アズマギク属
Erigeron philadelphicus

分布 北海道〜九州
開花期 4〜8月
性質 1〜多年生
収穫期 ほぼ通年
利用部位 葉、つぼんだ花茎
特徴 葉は、つけ根が幅広く、茎をしっかりと抱く。花びらは糸状で繊細。「開花期」に株元を見たとき、一番下の葉は「残っている」。

ヒメジョオンと同じ要領で楽しむことができる。どちらも多食はお勧めしない。採集はできるだけ環境の良いところで行いたい。

葉

ノヂシャ

スイカズラ科ノヂシャ属
Valerianella locusta

分布 本州〜九州
開花期 5〜6月
性質 1〜越年生
収穫期 ほぼ通年
利用部位 地上部
特徴 さじ状の葉を茂らせる。下の葉には柄があるも、上の葉には柄がなくて茎を抱く。花は淡い青色。栽培もされ、こぼれダネで殖える。

イチオシ

しっかり水洗いしてからサラダ、和え物などでシンプルに。クセやアクがまるでなく美味。カナッペなどに飾りつけても楽しい。

ミツバ

セリ科ミツバ属
Cryptotaenia japonica

イチオシ

分布 北海道〜琉球
開花期 5〜8月
性質 多年生
収穫期 ほぼ通年
利用部位 葉(開花前)
特徴 葉は3枚に分かれ、縁がギザギザに切れ込む。ちぎると強い芳香がある。花は白色で、とてもまばらにつける。こぼれダネでよく殖える。

蒸す 揚げる 焼く 炒める 炊く 茹でる 漬ける

香味野菜として広汎に利用可。半日蔭の場所で、開花前の葉を選ぶ。葉をちぎって香味や食感を確かめてから採集すると間違いない。

ツボクサ

セリ科ツボクサ属
Centella asiatica

分布 関東以西〜琉球
開花期 5〜8月
性質 多年生
収穫期 ほぼ通年
利用部位 葉
特徴 茎は丸い(よく似たカキドオシは四角)。葉は腎臓形でその縁にはフリル状の浅い切れ込みが入る。全草は基本的に無毛。

蒸す 揚げる 焼く 炒める 炊く 茹でる 漬ける

苦みが極めて強く、野草茶にする場合はハチミツなどの甘味を加えるとよい。アジア圏では熱湯で茹でてからサラダなどで食べられている。

春の道ばた

主に春ごろ食べられる草

ハハコグサ

キク科ハハコグサ属
Pseudognaphalium affine

分布 北海道〜琉球
開花期 4〜6月
性質 1〜越年生
収穫期 1〜3月、4〜6月
利用部位 新芽(早春)、開花期の地上部
特徴 葉の色は淡いミントグリーン。形はへら状で触感はふわふわ。花期には黄色い頭花を愛らしく飾る(温暖地ではほぼ通年開花する)。

クセがない味わいとモチモチした食感が優しく愉しい。草餅は古くは本種を利用しており、現在も利用される。民間薬としても咳止め、去痰、利尿作用が知られる。

コオニタビラコ

キク科ヤブタビラコ属
Lapsanastrum apogonoides

分布 本州〜九州
開花期 3〜5月
性質 越年生
収穫期 1〜4月
利用部位 ロゼットの葉
特徴 葉はギザギザに深く切れ込み、地べたで張りつくように広げる。茎は「無毛」で花はロゼット(葉)と同じくらいの低い位置で開花。

〝春の七草〟のホトケノザは本種。よく水洗いし、軽く塩茹で。水に晒してから、食べやすいサイズに刻んで粥、雑炊、椀物の具に。

フキ

キク科フキ属

Petasites japonicus subsp. *japonicus*

分布 本州〜琉球

開花期 3〜5月

性質 多年生

収穫期 2〜3月、4〜8月

利用部位 つぼみ（春）、葉柄（初夏）

特徴 葉は薄く、明るい緑色で、うちわ状（または腎形、ハート形）に広げ、縁はギザギザする。オス株とメス株があり、地下茎で殖える。

フキノトウ

イチオシ

肝臓毒ピロリジジン系アルカロイドを含み、多食は避けたい。熱湯で茹でこぼし、冷水に晒すなど基本的な下ごしらえをすれば安全。

COOKING GUIDE

蒸す　揚げる　焼く　炒める　炊く　茹でる　漬ける

アキタブキ

キク科フキ属

Petasites japonicus subsp. *giganteus*

分布 北海道〜本州北部

開花期 3〜5月

性質 多年生

収穫期 2〜3月、4〜8月

利用部位 つぼみ（春）、葉柄（初夏）

特徴 葉の基本形はフキとよく似るが、その大きさは1mからそれ以上に及ぶほど巨大。草丈も2mほどまで育つ。

イチオシ

寒冷地では荒れ地や道端でも見かける。利用法・注意点はフキと同様。全草は咳止め、胃薬のほか外用として傷薬に（フキも同様）。

COOKING GUIDE

蒸す　揚げる　焼く　炒める　炊く　茹でる　漬ける

イワニガナ（ジシバリ）

キク科ノニガナ属
Ixeris stolonifera

分布 北海道〜琉球
開花期 3〜6月
性質 多年生
収穫期 2〜4月
利用部位 葉
特徴 葉の先端部が丸いさじ形（または卵形）で、葉のつけ根にかけて細くなり、つけ根の部分が円形になる。花は厚みがないタンポポ風。

田んぼなど湿った場所に群生。苦みは強いがサラダなどに添えると風味のアクセントになり、意外に美味しく感じることも。

オオジシバリ

キク科ノニガナ属
Ixeris japonica

分布 北海道〜琉球
開花期 3〜6月
性質 多年生
収穫期 2〜4月
利用部位 葉
特徴 葉の先端部が丸いさじ形（または卵形）で、葉のつけ根にかけて不規則に切れ込みが入り、つけ根の部分がくさび形になる。

イワニガナと同じ環境に棲む。苦味を弱めるなら塩茹でして水によく晒す。民間薬では消化不良、炎症の緩和、止血、痛み止めなど。

アオオニタビラコ

キク科オニタビラコ属
Youngia japonica subsp. *japonica*

分布 北海道〜琉球
開花期 3〜11月
性質 多年生
収穫期 2〜7月
利用部位 葉(開花前)
特徴 葉の先端部がやや丸みを帯び、葉の表面には光沢がある。花茎はほぼ直立し(ヤブタビラコは斜めに広げる)、数本以上が同じ高さまで伸びて花を咲かせる。

独特な香味と苦みを楽しむなら水洗いしてサラダで。ごく軽く塩ゆでしてから水に晒し、炒め物、和え物にすると食べやすい。

アカオニタビラコ

キク科オニタビラコ属
Youngia japonica subsp. *elstonii*

分布 北海道〜琉球
開花期 3〜11月
性質 越年生
収穫期 2〜7月
利用部位 葉(開花前)
特徴 葉の先端部がとがり気味で、葉の表面はゴワゴワして光沢がない。。花茎はほぼ直立し、1本だけが長く伸びる(複数の花茎が立ち上がっても、ほかのものはすべて低い)。

利用法はアオオニタビラコと同様。どちらも民間薬として解熱のほかインフルエンザ、食中毒、アレルギー症状緩和作用が知られる。

オオアラセイトウ（ショカツサイ）

アブラナ科オオアラセイトウ属
Orychophragmus violaceus

分布 北海道〜琉球
開花期 3〜5月
性質 1〜越年生
収穫期 2〜5月
利用部位 葉、つぼみ、花
特徴 ぽってりした4枚の紫色の花が印象的。葉は幅広で下の葉は羽状に裂けて、上の葉は波打つような鋸歯を持つ。

つぼみと花は生食可。歯触りよく花蜜の甘みを楽しめる。葉は水洗いし、ごく軽く塩茹でして水に晒したら浸し物や炒め物で。

セリ

セリ科セリ属
Oenanthe javanica subsp. *javanica*

分布 北海道〜琉球
開花期 6〜8月
性質 多年生
収穫期 2〜5月
利用部位 葉、根茎
特徴 茎は角ばっていて、無毛であることをチェックする。そして茎や葉に強いセリの芳香があることを必ず確かめる。

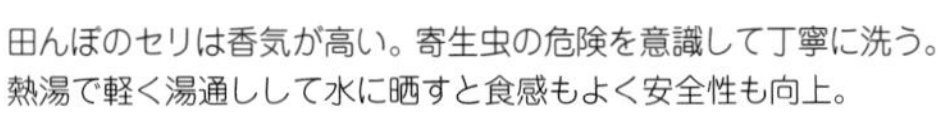

田んぼのセリは香気が高い。寄生虫の危険を意識して丁寧に洗う。熱湯で軽く湯通しして水に晒すと食感もよく安全性も向上。

花

ツルソバ

タデ科イヌタデ属
Persicaria chinensis

分布 関東以西～九州

開花期 5～11月

性質 多年生

収穫期 3～11月

利用部位 葉

特徴 地を這い、あるいは斜めに立ち上がって茂る。長い楕円形の葉は互生し、艶がある。白っぽい花と暗い青紫色した果実がよく目立つ。

綺麗な葉を選んで収穫する。丁寧に洗ってのち、軽く塩茹で。お湯から上げたらしばらく水に晒し、水気をよく切ってから和え物に。

ミドリハコベ

ナデシコ科ハコベ属
Stellaria neglecta

分布 本州～琉球

開花期 3～11月

性質 越年生

収穫期 3～11月

利用部位 若い茎葉、花

特徴 ネズミの耳のような葉を対生させ、大きく茂る。花の中心にある白い花柱は3個。雄しべは8～10個。種子にはよく目立つ突起が並ぶ。

蒸す　揚げる　焼く　炒める　炊く　茹でる　漬ける

ややクセがある。よく洗い天ぷらか炒め物に合わせるとかなり食べやすくなる。野趣を楽しむなら軽い塩茹でから浸し物、和え物に。

コハコベ

ナデシコ科ハコベ属
Stellaria media

分布 北海道～琉球
開花期 3～11月
性質 越年生
収穫期 3～11月
利用部位 若い茎葉、花
特徴 茎が赤みを帯びる傾向がある（変異あり）。花柱は3個、雄しべは少なく1～6個ほど。種子の突起が低い。

風味・採集・調理法はミドリハコベと同じ。両方とも痛みや腫れの緩和、胃腸炎の治療、歯槽膿漏予防に民間薬として活躍してきた。

ウシハコベ

ナデシコ科ハコベ属
Stellaria aquatica

分布 北海道～九州
開花期 4～10月
性質 越～多年生
収穫期 3～10月
利用部位 若い茎葉、花
特徴 葉は大きめで微妙にシワがある。茎は緑色だが節の部分だけ暗い紫色が差す。花柱が5個と多いため、慣れると分かりやすい。

この仲間のなかではクセがなくてもっとも食べやすい。調理法や薬効はミドリハコベたちと同じ。湿り気のある場所に多く棲む。

タチシオデ

サルトリイバラ科サルトリイバラ属
Smilax nipponica

イチオシ

分布 本州〜九州
開花期 5〜6月
性質 つる性多年生
収穫期 3〜4月
利用部位 新芽
特徴 葉は幅広い楕円形で5〜7脈がよく目立ち、裏面は淡い緑。開花期の株は立ち上がり、その後、つる状に伸びてゆく。開花期が早い。

炊く 茹でる 漬ける

春の新芽部分(先端から10〜15cmほど)を摘み、よく水洗いする。軽く茹でて(塩は不要)水に晒し、アスパラガスのように楽しむ。

シオデ

サルトリイバラ科サルトリイバラ属
Smilax riparia

イチオシ

分布 北海道〜九州
開花期 6〜7月
性質 つる性多年生
収穫期 4〜5月
利用部位 新芽
特徴 葉はタチシオデと酷似するが、やや光沢があり、裏面が白っぽい。茎は早くから横倒しになって地を這う。開花期が遅め。

タチシオデと同じく美味。採集と調理方法はタチシオデとまったく同様で、新芽の姿も一緒。炒め物や野菜スープに入れてもよい。

新芽

サルトリイバラ

サルトリイバラ科サルトリイバラ属
Smilax china var. *china*

分布 北海道〜九州
開花期 3〜4月
性質 つる性低木
収穫期 3〜4月
利用部位 新芽、若葉
特徴 葉は丸っこく、3〜5脈が目立つ。茎はギッタンバッコンと折れ曲がりながら伸びて、その表面に小さなトゲがまばらにつく。

若芽を水洗いし、熱湯で茹で、水に晒してお浸しなどで。若葉や柔らかな葉はクセがなく、地域によっては柏餅をくるむ葉にする。

チガヤ（フシゲチガヤ）

イネ科チガヤ属
Imperata cylindrica var. *koenigii*

分布 北海道〜琉球
開花期 5〜6月
性質 多年生
収穫期 12〜4月
利用部位 根茎（冬）、未熟な花穂（春）
特徴 花期にはふわふわした猫の尻尾のような花穂を風になびかせる。乾燥した場所を好み群落をつくる。本種の茎の節には毛がある。

古来、野辺のおやつとして生食される。冬は根を採り水で洗い、そのまま噛むと優しい甘みが。春の未熟な花穂（写真）も生食するとモチモチして甘い。

ヤブカンゾウ

ワスレグサ科ワスレグサ属
Hemerocallis fulva var. *kwanso*

分布 北海道～九州
開花期 6～8月
性質 多年生
収穫期 3～4、6～7月
利用部位 新芽（春）、つぼみ・花（初夏）
特徴 花は大輪。深みのあるオレンジ色で、八重咲きになるためよく目立つ。新芽の形はノカンゾウとほぼ同じ。

COOKING GUIDE: 蒸す　揚げる　焼く　炒める　炊く　茹でる　漬ける

春の新芽は地中の白い部分から採る。熱湯で軽く茹で、水に晒し、和え物で。甘味とぬめりがある。やや育った葉は天ぷらで。

ノカンゾウ

ワスレグサ科ワスレグサ属
Hemerocallis fulva var. *disticha*

分布 本州～九州
開花期 6～8月
性質 多年生
収穫期 3～4、6～7月
利用部位 新芽（春）、つぼみ・花（初夏）
特徴 花は大輪。やや明るいオレンジ色で、一重咲きになる点がヤブカンゾウと大きく違う。

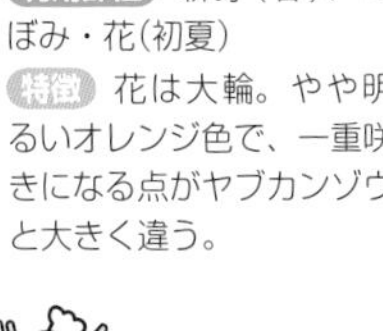

COOKING GUIDE: 蒸す　揚げる　焼く　炒める　炊く　茹でる　漬ける

採集・調理方法はヤブカンゾウと同じ。どちらの初夏のつぼみも蒸したのち炒め料理などで楽しめる。花も天ぷらや浸し物で。

新芽

ハマカンゾウ

ワスレグサ科ワスレグサ属
Hemerocallis fulva var. *littorea*

分布 関東以西～九州
開花期 8～10月
性質 多年生
収穫期 3～4、6～8月
利用部位 新芽（春）、つぼみ・花（初夏）
特徴 海浜地帯に多く、花や全草の姿はノカンゾウと酷似。ノカンゾウは冬に枯れるが本種は冬も葉を残す（常緑）傾向が強い。

蒸す　揚げる　焼く　炒める　炊く　茹でる　漬ける

採集・調理方法はヤブカンゾウやノカンゾウと同じ。内陸部でも園芸目的で畑地の周りや庭先で多く見られる。

オオバギボウシ

クサスギカズラ科ギボウシ属
Hosta sieboldiana

分布 北海道～中部地方以北
開花期 7～9月
性質 多年生
収穫期 3～4、6～7月
利用部位 新芽（春）、葉柄・つぼみ（初夏）
特徴 日本固有の種族。葉は幅広の卵形で、中心の主脈から支脈が分岐して伸びる。花色は白から淡い紫色。

蒸す　揚げる　焼く　炒める　炊く　茹でる　漬ける

春の若芽は地中の白い部分から採集。水洗いし、葉を取り除いた柄の部分だけを塩茹でして水に晒す。和え物、天ぷら、煮びたしで。

新芽

コバギボウシ

クサスギカズラ科ギボウシ属
Hosta sieboldii

分布 北海道〜九州

開花期 7〜8月

性質 多年生

収穫期 3〜4、6〜7月

利用部位 新芽(春)、葉柄・つぼみ(初夏)

特徴 田んぼや草むらで群れになって育つ小型種。葉は幅が狭い卵形や楕円形で変化が多い。花色は淡い紫色で濃厚な筋模様を浮かべる。

COOKING GUIDE

採集・調理方法はオオバギボウシと同様。どちらも初夏のつぼみや花を天ぷらにしたり、軽く塩茹でして食べることができる。

新芽

ヤブカラシ

ブドウ科ヤブカラシ属
Cayratia japonica

分布 北海道〜琉球

開花期 6〜9月

性質 つる性多年生

収穫期 3〜5月

利用部位 つる先、若葉、根茎

特徴 つるを伸ばして絡みつき、大きな葉は手のひら状に5裂。花盤(花の中央)がピンクやオレンジ色になりよく目立つ。地下茎で殖える。

COOKING GUIDE

強烈な辛味エグ味がある。熱湯で塩茹でしたら冷水に7〜8時間ほど晒し、浸し物や炒め物に。若いつる先を天ぷらにしてもよい。

花

アブラナ

アブラナ科アブラナ属
Brassica napus var. oleifera

イチオシ

分布 北海道〜琉球
開花期 3〜5月
性質 越年生
収穫期 3〜5月
利用部位 柔らかい葉、花茎
特徴 葉は明るい黄緑系で、花びらの大きさが10㎜以下。葉色が深い青緑で花びらが10㎜以上ならセイヨウアブラナ。この分類法では身近なものの多くが「アブラナ」の系譜となる。

蒸す　揚げる　焼く　炒める　炊く　茹でる　漬ける

春の花茎を採集。よく水洗いし、軽く塩茹でしてから水に晒す。水気をしっかり切ってから浸し物、浅漬けで春の野趣を楽しむ。

葉

カラシナ（セイヨウカラシナ）

アブラナ科アブラナ属
Brassica juncea

イチオシ

分布 北海道〜琉球
開花期 3〜5月
性質 越年生
収穫期 3〜5月
利用部位 柔らかい葉、花茎
特徴 葉のつけ根が茎を抱かない。葉の縁にある鋸歯も目立つ。成熟した結実は細長く、茎から開くように離れてつく。

蒸す　揚げる　焼く　炒める　炊く　茹でる　漬ける

採集・調理法はアブラナと同様。浸し物の場合「醤油1に対してだし汁2〜3の割合」で調整すると無難。刻めば薬味になる。

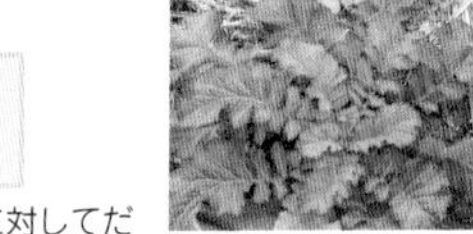
葉

ハマダイコン

アブラナ科ダイコン属
Raphanus sativus form. *raphanistroides*

イチオシ

分布 北海道～琉球

開花期 4～6月

性質 越年生

収穫期 3～8月

利用部位 主根、柔らかな葉、花、結実(未熟)

特徴 海浜地帯や河川敷きに多数。葉姿は野菜のダイコンとそっくり。花色は白から淡い赤紫にかけて変化が多い。果実はくびれる。

柔らかい葉をお浸しや炒め物で。花は料理に散らす。未熟な果実も生食でき「美味しい大根おろし」の風味。根はおもに漬物で。

花

キランソウ

シソ科キランソウ属
Ajuga decumbens

分布 本州～琉球

開花期 3～5月

性質 多年生

収穫期 3～4、9～10月

利用部位 春・秋のロゼット(葉)

特徴 深い緑の葉を地面にへばりつくように広げる。全草に縮れた毛を密生。花は濃厚な紫色。風味は非常に苦くハチミツなどで調整する。

蒸す 揚げる 焼く 炒める 炊く 茹でる 漬ける

薬湯(気管支炎の緩和、咳止め、解熱など)。400mlの水に1日量10～15gの葉を入れ1/3量になるまで煮つめる。1日3回に分けて服用。

ヒメオドリコソウ

シソ科オドリコソウ属
Lamium purpureum

分布 北海道〜九州
開花期 4〜5月
性質 越年生
収穫期 3〜5月
利用部位 茎葉
特徴 全草が小さな櫓(やぐら)のような姿で、葉は三角状、鋸歯は丸みを帯びる。下の葉は明るい緑色で、上部は褐色を帯びた紅色が濃くなる。

地上部をそのまま摘み、よく水洗いしてから天ぷらにすると意外なほど美味。欧米やアジア圏では茹でてからサラダなどに混ぜる。

ホトケノザ

シソ科オドリコソウ属
Lamium amplexicaule

分布 北海道〜琉球
開花期 4〜6月
性質 越年生
収穫期 3〜6月
利用部位 柔らかな葉、花
特徴 茎に対生する葉がまばらで段々になってつく。葉は扇形で縁にフリル状の鋸歯を並べる。輪舞するようにつく花は鮮やかな紅紫色。

よく水洗いしたのち天ぷらや炒め物に。海外ではサラダ用とされるが食感はぷかぷか。花は蜜が多く料理に散らしても甘く美しい。

カキドオシ

シソ科カキドオシ属
Glechoma hederacea subsp. *grandis*

分布 本州〜九州
開花期 4〜5月
性質 多年生
収穫期 3〜11月
利用部位 柔らかな葉、花
特徴 茎は角張り、白い毛がまばらに生える。葉は扇形で丸みのある鋸歯を並べる。強く独特な〝ミント風〟の芳香があるのも大きな特徴。

COOKING GUIDE

蒸す　揚げる　焼く　炒める　炊く　茹でる　漬ける

よく水洗いしたのち天ぷらや炒め物あるいは生サラダやハーブティーに。高い香気が魅力。外用に傷薬とするほか入浴剤にもなる。

コウゾリナ

キク科コウゾリナ属
Picris hieracioides subsp. *Japonica* var. *japonica*

分布 北海道〜九州
開花期 5〜10月
性質 越年生
収穫期 3〜5月
利用部位 ロゼット（葉）
特徴 ロゼットは中〜大型で細かい鋸歯のある剣状の葉を美しく放射状に広げる。主脈は赤色。やがて立ち上がる茎には赤い剛毛が密生。

全草

COOKING GUIDE

蒸す　揚げる　焼く　炒める　炊く　茹でる　漬ける

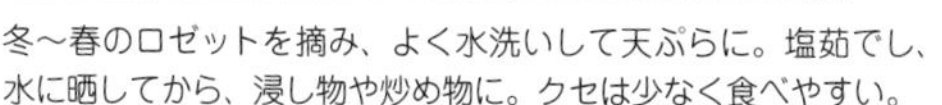

冬〜春のロゼットを摘み、よく水洗いして天ぷらに。塩茹でし、水に晒してから、浸し物や炒め物に。クセは少なく食べやすい。

ノゲシ

キク科ノゲシ属
Sonchus oleraceus

分布 北海道～琉球
開花期 4～10月
性質 1～越年生
収穫期 3～5月
利用部位 柔らかい葉
特徴 緑色の大きな葉はギザギザして痛々しく見えるが柔らかい。葉のつけ根がV字型になって茎の向こう側まで突き出る。

COOKING GUIDE

蒸す 揚げる 焼く 炒める 炊く 茹でる 漬ける

苦みを持つが、香味がありとても食べやすい。軽く塩茹でしたのち、やや長めに冷水に晒し、サラダ、和え物、炒め物などに。

ロゼット

オニノゲシ

キク科ノゲシ属
Sonchus asper

分布 北海道～琉球
開花期 4～10月
性質 1～越年生
収穫期 3～5月
利用部位 柔らかい葉

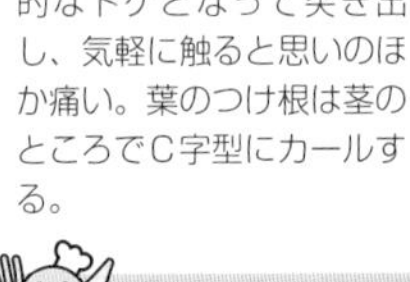

特徴 葉の周辺部が立体的なトゲとなって突き出し、気軽に触ると思いのほか痛い。葉のつけ根は茎のところでC字型にカールする。

COOKING GUIDE

蒸す 揚げる 焼く 炒める 炊く 茹でる 漬ける

葉は鋭いトゲで武装しているので採集時は注意。トゲが柔和な若い葉を選んで摘み、ノゲシと同じ要領で野趣を楽しむことができる。

ロゼット

カントウタンポポ

キク科タンポポ属

Taraxacum platycarpum subsp. *platycarpum* var. *platycarpum*

分布 関東〜中部

開花期 4〜5月

性質 多年生

収穫期 3〜5月

利用部位 葉、花

特徴 花は厚みがなくて薄い。花の下の総苞片はぴたりと密着し反り返ることがない。また総苞片の上端に小さなタンコブ状の突起がある。

柔らかな葉や花を摘んで水洗いし、天ぷらや炒め料理に。または軽く塩茹でして水に晒してからサラダや炒め物にすると食べやすい。

シロバナタンポポ

キク科タンポポ属

Taraxacum albidum

分布 本州〜九州

開花期 4〜5月

性質 多年生

収穫期 3〜5月

利用部位 葉、花

特徴 花の厚みは薄く、花色はほのかにクリームがかった白色。総苞片はほつれるように開き、その上端に三角状の突起が目立つ。

採集・調理法はカントウタンポポと同様。いずれも開花期の葉は固めだが、塩茹で後、数時間ほど水に晒すと違和感なく食べられる。

ヨモギ

キク科ヨモギ属
Artemisia indica var. *maximowiczii*

分布 本州〜九州
開花期 9〜10月
性質 多年生
収穫期 3〜5、6〜7月
利用部位 新芽（春）、葉（夏）
特徴 早春の葉は美しいシルバーグリーン系で柔らかな銀毛に覆われる。成長した葉の表面は明るい緑色になるが、裏面は灰白色。

春の新芽は草餅、天ぷらに。春以降、やや育った時期は柔らかな茎先を摘んで、軽く塩茹でし、水に晒してからお浸し、和え物で。

ヨメナ

キク科シオン属
Aster yomena var. *yomena*

分布 中部地方以西〜九州
開花期 7〜10月
性質 多年生
収穫期 3〜6、7〜10月
利用部位 若芽、若葉、つぼみ・花
特徴 葉は厚みがあり表面にほのかな光沢がある。花色は白〜淡い青系。種子のてっぺんに短い毛をたくわえ、長さ0.5㎜ほど。関東圏でもたまに見つかる。

春の新芽や若葉は天ぷらに。または軽く塩茹でして水に晒し、水気を取ってから和え物、炒め物によい。秋の花やつぼみも天ぷらで。

カントウヨメナ

キク科シオン属
Aster yomena var. *dentatus*

分布 関東以北
開花期 7～10月
性質 多年生
収穫期 3～6、7～10月
利用部位 若芽、若葉、つぼみ・花
特徴 葉は厚みがあるも表面に光沢はない。花色は白～淡い青系。種子のてっぺんに短い毛をたくわえ、長さ0.25㎜ほど（そっくりなヨメナとの重要な識別ポイントになる）。

ヨメナと同様の要領で楽しまれる。風味の良さはヨメナに軍配をあげる人が多い。澄んだ花びらをちらし寿司に散らしても美しい。

ユウガギク

キク科シオン属
Aster iinumae

分布 近畿以北
開花期 7～10月
性質 多年生
収穫期 3～6、7～10月
利用部位 若芽、若葉、つぼみ・花
特徴 葉は薄く表面に光沢はない。葉の縁が大きく羽状に切れ込むことが多い。種子はぽってりと太め（ヨメナ、カントウヨメナは細め）。

独特の高い香気が持ち味の種族。採集・調理法はヨメナと同様だが、香気をさらに活かして椀物、サラダ、肉料理の香味づけに。

ヤハズエンドウ（カラスノエンドウ）

マメ科ソラマメ属
Vicia sativa subsp. *nigra* var. *nigra*

分布 本州〜琉球
開花期 3〜6月
性質 越年生
収穫期 3〜6月
利用部位 若い茎葉、花、マメ（未熟）
特徴 愛らしい卵形の葉を8対ほど並べる。葉の先端部は軽くへこむ。花はチョウ型でビビットな赤紫色。マメは完熟すると真っ黒になる。

イチオシ

COOKING GUIDE

蒸す　揚げる　焼く　炒める　炊く　茹でる　漬ける

茎葉に優しいソラマメの風味がある。よく洗い、軽く塩茹でした後、浸し物、炒め物、天ぷらに。未熟なマメは天ぷら、汁の具に。

スズメノエンドウ

マメ科ソラマメ属
Vicia hirsuta

分布 本州〜琉球
開花期 4〜6月
性質 1〜越年性
収穫期 3〜6月
利用部位 若い茎葉、花、マメ（未熟）
特徴 葉はちいさくて細長く6〜7対ほどを並べる。花は白色系で極小。やがて実るマメの鞘にマメは2個だけのことが多い。

蒸す　揚げる　焼く　炒める　炊く　茹でる　漬ける

ヤハズエンドウと同じ要領で楽しめる。茎葉がちいさいので素揚げにするか、軽く塩茹でして水に晒し、炒め物やサラダに添える。

カスマグサ

マメ科ソラマメ属
Vicia tetrasperma

分布 本州～琉球
開花期 4～6月
性質 1～越年生
収穫期 3～6月
利用部位 若い茎葉、花、マメ(未熟)
特徴 葉の大きさはヤハズエンドウとスズメノエンドウの中間。花はミニサイズで色は青紫系。ひとつのマメの鞘にマメは4個ほど。

COOKING GUIDE

蒸す 揚げる 焼く 炒める 炊く 茹でる 漬ける

採集・調理法はヤハズエンドウと同じ。出遭える確率は前述2種より少ないが、身近な土手や草地で大群落になっていることもある。

ナヨクサフジ

マメ科ソラマメ属
Vicia villosa subsp. *varia*

分布 本州～九州
開花期 4～7月
性質 1～越年生
収穫期 3～6月
利用部位 若い茎葉、花穂
特徴 全体に毛がある。花色はビビットなグレープ色。花のおしりの部分(筒状部)が、花を支える柄よりも明らかにでっぱる。

COOKING GUIDE

蒸す 揚げる 焼く 炒める 炊く 茹でる 漬ける

調理法はヤハズエンドウと同様。花穂が華麗であるため、素揚げにして抹茶塩などで楽しむか、天ぷらでもよい。

スミレ

スミレ科スミレ属
Viola mandshurica var. *mandshurica*

分布 北海道〜九州
開花期 3〜5月
性質 多年生
収穫期 3〜5月
利用部位 花
特徴 花色は濃厚な紫色。左右の花びらの奥に白い毛を生やす。葉は細長いへら形で斜め上に立ち上げ、葉の柄に目立つ翼がある。変異が多く、いろんなタイプが見つかる。

蒸す 揚げる 焼く 炒める 炊く 茹でる 漬ける

花を熱湯にさっと通してから酢の物に。天ぷらでも楽しまれるが、軽く洗った花をサラダ、カナッペ、デザートに添えても美しい。

タチツボスミレ

スミレ科スミレ属
Viola grypoceras var. *grypoceras*

分布 北海道〜琉球
開花期 3〜6月
性質 多年生
収穫期 3〜6月
利用部位 葉、花
特徴 花は涼しげな紫系。葉はハート形で、その付け根にギザギザしたクシ状の托葉をつける。成長に伴って茎を伸ばす。変異が多い。

蒸す 揚げる 焼く 炒める 炊く 茹でる 漬ける

花はスミレと同様に楽しめる。本種は若芽や葉の天ぷらが美味。あるいは軽く塩茹でして水に晒し、和え物や浸し物で。

ニオイタチツボスミレ

スミレ科スミレ属
Viola obtusa var. *obtusa*

分布 本州～九州
開花期 4～5月
性質 多年生
収穫期 4～5月
利用部位 葉、花
特徴 花色は濃いめの紫で、花びらが反り返り、表情が丸っこくなる傾向がある。気品のある甘い芳香をもつ。葉はハート形、托葉はクシ状。

典雅な甘い芳香を楽しむには、生のまま料理やデザートに飾る。葉もタチツボスミレと同様の料理法で味わうことができる。

コマツヨイグサ

アカバナ科マツヨイグサ属
Oenothera laciniata var. *laciniata*

分布 本州～琉球
開花期 4～10月
性質 1～可変2年生
収穫期 4～10月
利用部位 花
特徴 カップ咲きになる花色は明るいレモン系。甘い香気をもつ。全草は低く広がり葉はへら状で不規則に切れ込む。萎んだ花は紅くなる。

香気に満ちた花を楽しむには、開花直後の夕方5～6時以降に採集。軽く水洗いしてサラダに添えたり、薄いコロモをつけて天ぷらで。

マツヨイグサ

アカバナ科マツヨイグサ属
Oenothera stricta

分布 本州～九州
開花期 5～10月
性質 1～越年生
収穫期 5～10月
利用部位 花
特徴 カップ咲きの花色は明るいレモン系で甘い香気をもつ。全草は大きく直立する。細長い葉の主脈は白っぽく、萎んだ花は紅くなる。

COOKING GUIDE

採集・調理方法はコマツヨイグサと同様。花がずっと大きいので見栄えがするほか、採集や調理もしやすい。

チドメグサ

ウコギ科チドメグサ属
Hydrocotyle sibthorpioides

分布 北海道～琉球
開花期 4～10月
性質 多年生
収穫期 4～10月
利用部位 葉
特徴 葉の鋸歯が低く、ほぼ丸っこく見える。葉の柄や葉は無毛のことが多い。ボール状になる花穂は葉の下側につけ、小花の数は10個ほど。

優しいセリの風味がある。よく水洗いし、天ぷらや素揚げに。さっと湯通しして冷水に晒し、そのままサラダに入れたり薬味にする。

オオチドメ

ウコギ科チドメグサ属
Hydrocotyle ramiflora

分布 北海道〜九州
開花期 5〜10月
性質 多年生
収穫期 5〜11月
利用部位 葉
特徴 葉の鋸歯が低く、ほぼ丸っこく見える。葉の柄や葉の裏面に目立つ毛を生やすことがある。花穂は葉の上で咲かせ、小花数10〜30個。

蒸す 揚げる 焼く 炒める 炊く 茹でる 漬ける

採集・調理方法はチドメグサと同様。やや湿った芝地や草地でマット状に広がっている。やや大きめな葉姿がよく目立つ。

ガマ

ガマ科ガマ属
Typha latifolia

分布 北海道〜琉球
開花期 6〜8月
性質 多年生
収穫期 4〜5月
利用部位 新芽
特徴 葉の幅は10〜20㎜ほどと広め。穂の太さも23㎜超で、上から下にいたるまで同じ太さになる。

蒸す 揚げる 焼く 炒める 炊く 茹でる 漬ける

新芽はよく水洗いしてから天ぷらに。または塩茹でしてよく水に晒し(2〜3回ほど水を変える)、味噌やマヨネーズをつけて楽しむ。

ミツバアケビ

アケビ科アケビ属
Akebia trifoliata subsp. *trifoliata*

分布 北海道～九州
開花期 4～5月
性質 つる性木本
収穫期 3～5、10月
利用部位 つる先（春）、果実
特徴 葉は3個の小葉からなる。小葉の縁は円弧を描くか、緩やかに波打つ。花の萼片はダークな赤紫系。

イチオシ

蒸す　揚げる　焼く　炒める　炊く　茹でる　漬ける

春のつる先を摘み、水洗いして塩茹でする。食べやすい柔らかさになったら水に晒し、わさび醤油などで。果実の実は生食できる。

実

アケビ

アケビ科アケビ属
Akebia quinata

分布 本州～九州
開花期 4～5月
性質 つる性木本
収穫期 3～5、10月
利用部位 つる先（春）、果実
特徴 葉は5個の小葉からなる。葉の縁は円弧を描く（若い葉は波打つ）。花の萼片は白味を帯びる。

イチオシ

蒸す　揚げる　焼く　炒める　炊く　茹でる　漬ける

果皮の詰め物には、まずひき肉、椎茸、玉ねぎなどを炒め、みりん、味噌、醤油で味付け。これを果皮に詰めて蒸すか、揚げる。

カワヂシャ

オオバコ科クワガタソウ属
Veronica undulata

分布 本州～琉球
開花期 5～6月
性質 越年生
収穫期 4～5月
利用部位 若葉
特徴 丸顔の小さな花は白～淡い紅紫が地色となり、紫の筋模様が入る。茎の下部の葉には柄があるが、上部の葉は無柄。葉の鋸歯は明瞭。

炊く 茹でる 漬ける

川辺に育つ美味しい種族。よく水洗いし、天ぷらで。または軽く塩茹でしてサラダ、炒め物、肉料理の副菜として。

マルバハッカ（アップルミント）

シソ科ハッカ属
Mentha suaveolens

分布 北海道～琉球
開花期 6～9月
性質 多年生
収穫期 4～5月
利用部位 葉（開花前）
特徴 葉は丸っこく、柔らかな毛に覆われ、触れると甘い香りが立つ。茎の先端に花穂をつけ、花は尾状にまとまってつく。

よく水洗いした葉をデザートの飾りに。ハーブティーのアクセントに活用したり、リキュールの風味づけでも活躍。花はサラダに。

ヤブジラミ

セリ科ヤブジラミ属
Torilis japonica

分布 本州〜琉球

開花期 5〜7月

性質 越年生

収穫期 4〜5月

利用部位 若芽、若葉

特徴 葉は細かく裂け、美しい羽状となる。葉の先端にある小葉だけがやや細長く伸びる。花色は白。結実にはトゲが密生し衣服につく。

苦みが強いので、熱湯で塩茹でしたあと、しばらくの間、冷水に晒す。水気を拭ったら天ぷら(かき揚げ)、炒め物などに。

オヤブジラミ

セリ科ヤブジラミ属
Torilis scabra

分布 北海道〜琉球

開花期 4〜6月

性質 越年生

収穫期 4〜5月

利用部位 若芽、若葉

特徴 ヤブジラミとそっくりだが、葉の先端にある小葉は長く伸びない。花は白色で、紅色の縁取りがあることが多い。

採集・調理法はヤブジラミと同様。どちらも独特の苦みとエグ味があるも、下ごしらえをしっかりやると独特の風味が立ちあがる。

イヌタデ

タデ科イヌタデ属

Persicaria longiseta

分布 北海道〜琉球

開花期 6〜10月

性質 1年生

収穫期 4〜10月

利用部位 若葉、花穂

特徴 花穂は鮮やかな紅色〜ピンク色。茎は赤味を帯びることが多い。葉のつけ根に薄い膜状の托葉鞘があり、そこから長い毛を伸ばすことも特徴。

蒸す 揚げる 焼く 炒める 炊く 茹でる 漬ける

若葉や花穂は水洗いして天ぷらに。花穂のつぼみをしごき落としてサラダやスープに散らしたり、クッキーやデザートに飾りつける。

ミゾソバ

タデ科イヌタデ属

Persicaria thunbergii var. *thunbergii*

分布 北海道〜琉球

開花期 7〜10月

性質 1年生

収穫期 4〜6､8〜10月

利用部位 若葉（春）、花穂（秋）

特徴 葉のフォルムは〝牛の顔〟を思わせる。葉は互生し、茎には下向きのトゲがある。花穂はボール状で、透明感のある桃色の花が咲く。

蒸す 揚げる 焼く 炒める 炊く 茹でる 漬ける

春の若芽や若葉は天ぷらや炒め物で。またよく塩茹でして水に晒してから和え物に。花穂も酢を落とした熱湯に通してから酢の物で。

イタドリ

イチオシ

タデ科ギシギシ属
Fallopia japonica

分布 北海道～琉球
開花期 7～10月
性質 多年生
収穫期 4～6月
利用部位 茎、葉
特徴 若苗はダークな紅色で艶があり、野辺でよく目立つ。やがて茎は細めのタケノコ状となり、高く立ちあがる。花色は白～クリーム系。

新芽

COOKING GUIDE

太い茎はタケノコに似た風味。よく洗って皮を剥き、重曹を入れた熱湯で茹で、冷水に晒す。酢の物、和え物、汁の具に最適。

ツルドクダミ

タデ科ギシギシ属
Fallopia multiflora

分布 本州～九州
開花期 8～10月
性質 つる性多年生
収穫期 4～6月
利用部位 若芽、若葉
特徴 ドクダミの葉に良く似ており、草地やヤブで大きく茂る。花色は淡い緑を交えた白色。

春の若芽や若葉は、よく洗い水気を拭ってから天ぷらに。または塩茹でして水に晒してからお浸しで。茎は不眠症状緩和の漢方薬にされたりする。

ミチヤナギ

タデ科ミチヤナギ属

Polygonum aviculare

分布 北海道〜九州

開花期 6〜10月

性質 1年生

収穫期 4〜6月

利用部位 柔らかな茎葉

特徴 草丈10〜40㎝ほど。直立あるいは斜め上に立ち上がる。長い楕円形した葉の長さは20㎜超。そのつけ根に緑と白の小さな花をつける。

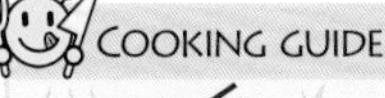

茎葉を摘みよく洗ったのち、シンプルに天ぷらで。油料理との相性が良いので、軽く塩茹でしてから水に晒し、炒め物に加えてみる。

ハイミチヤナギ

タデ科ミチヤナギ属

Polygonum arenastrum

分布 北海道〜九州

開花期 6〜10月

性質 1年生

収穫期 4〜6月

利用部位 柔らかな茎葉

特徴 ミチヤナギとよく似るが、茎は地面を這いまわるように伸びる。葉の長さは15㎜以下。葉の付け根につく小花は緑の地色に淡い紅色の縁取りがある。

蒸す　揚げる　焼く　炒める　炊く　茹でる　漬ける

採集・調理法はミチヤナギと同様。広域で見られるようになったユーラシア大陸原産の帰化植物。

アカザ

ヒユ科アカザ属
Chenopodium album var. *centrorubrum*

分布 北海道～琉球
開花期 8～10月
性質 1年生
収穫期 4～9、10～11月
利用部位 葉、結実
特徴 葉は三角状の卵形で、幅が広く、葉の鋸歯が荒々しい。若苗のころはてっぺんの葉に紅色の粉状物質が吹く。2mほどまで育つ。

葉の表面の粉状物質を丁寧に洗い落す。塩茹でしたのち、よく水に晒してから浸し物や炒め物などに。結実は塩茹で後、佃煮などで。

シロザ

ヒユ科アカザ属
Chenopodium album var. *album*

分布 北海道～琉球
開花期 8～10月
性質 1年生
収穫期 4～9、10～11月
利用部位 葉、結実
特徴 葉は三角状の卵形で、アカザよりも幅が狭く、鋸歯は緩やか。若苗のころは白い粉状物質が吹く。草丈は1～1.5mほど。

採集・調理法はアカザと同様。ミネラルの宝庫で、それだけ味にクセが出る。下ごしらえをしっかりやればとても食べやすくなる。

イヌビユ

ヒユ科ヒユ属
Amaranthus blitum

分布 北海道〜琉球
開花期 6〜11月
性質 1年生
収穫期 4〜6月
利用部位 柔らかな葉
特徴 ややひし形になる卵形の葉を互生させて茂る。葉の先端がはっきりとへこむ。葉のつけ根や茎の先端に緑色の花穂を尾状に伸ばす。

柔らかな葉はクセがない。よく洗ってから塩茹でに。お湯から上げたらよく水に晒し、フライにしたり和え物に。意外と美味しい。

ホナガイヌビユ

ヒユ科ヒユ属
Amaranthus viridis

分布 北海道〜琉球
開花期 6〜11月
性質 1年生
収穫期 4〜6月
利用部位 柔らかな葉
特徴 イヌビユとそっくりだが、葉の先端のへこみ具合が弱い。種子を見ると表面の光沢が弱い(イヌビユの種子には著しい光沢がある)。

風味・採集・調理法はイヌビユと同様。ヒユ属は酷似するものが多く、図鑑などで調べてみたい。道端や草地で食用にされるのは主にこの2種。

オカヒジキ

ヒユ科オカヒジキ属
Salsola komarovii

分布 北海道〜琉球
開花期 7〜10月
性質 1年生
収穫期 4〜8月
利用部位 柔らかな茎葉
特徴 葉は円柱状の多肉質で、先端にトゲのような突起を持つ。全草に毛がなく、果実を包み込む部分のてっぺんが平らになる。海浜地域の砂地に好んで棲みつく。

柔らかな茎葉を摘み、熱湯で5分ほど茹で、冷水に晒す。そのまま辛子醤油で楽しむか、炒め物、スープ、椀物に加えても美味しい。

ノアザミ

キク科アザミ属
Cirsium japonicum

分布 本州〜九州
開花期 5〜10月
性質 多年生
収穫期 4〜6月
利用部位 若い葉、根茎
特徴 根生葉（根から直接伸びている葉）は開花期にも残る。花の下にある総苞外片はすべて密着し、指先で触るとべたべたと粘つくのが大きな特徴。

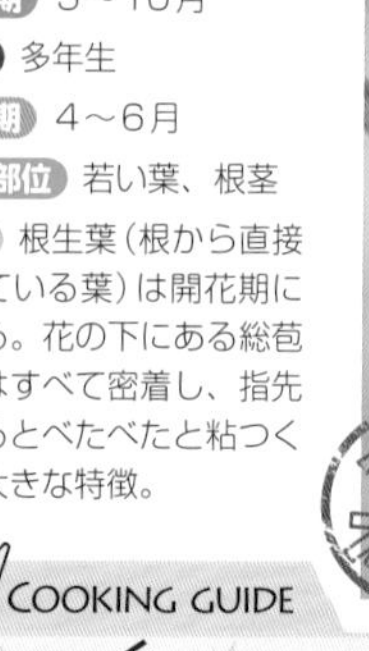

COOKING GUIDE

蒸す　揚げる　焼く　炒める　炊く　茹でる　漬ける

美味な葉は水洗いして天ぷらにする。塩茹でから水に晒し、炒め物などにも。根はよく洗ってからキンピラ、漬物にすると絶品。

葉姿

キクイモ

キク科ヒマワリ属
Helianthus tuberosus

イチオシ

分布 北海道〜琉球

開花期 9〜10月

性質 多年生

収穫期 4〜6、10〜12月

利用部位 若芽（春）、塊茎（秋冬）

特徴 葉は深い緑色で鋸歯が明瞭。黄色い花びらの数は10〜20個ほどで、それぞれの先端部がごくわずかに3裂する。

塊茎

春の若芽も天ぷらで楽しまれる。秋冬の塊茎は、水洗いしたら熱湯でゆでこぼし、天ぷら、炒め物、煮物のほか味噌漬けなども美味。

ゲンゲ（レンゲ）

マメ科ゲンゲ属
Astragalus sinicus

分布 本州〜琉球

開花期 4〜5月

性質 越年生

収穫期 4〜5月

利用部位 若葉、つぼみ・花

特徴 小葉は丸っこい楕円形で必ず奇数個（10個前後）。明るい紅紫色の花をぐるりと輪を描くように並べる。

花とつぼみは素揚げにして抹茶塩などで。または酢を落とした熱湯をくぐらせて料理や椀物に添える。若葉も天ぷら、お浸しで。

ナンテンハギ

マメ科ソラマメ属
Vicia unijuga

分布 北海道〜九州
開花期 6〜10月
性質 多年生
収穫期 4〜6、9〜10月
利用部位 若い茎葉（春）、つぼみ・花（秋）
特徴 小葉は長い楕円形で先端がとがる。小葉2個がワンセットになって互生するのはマメ科では珍しい。花は青紫色で豪華に並べ立てる。

イチオシ

COOKING GUIDE

蒸す 揚げる 焼く 炒める 炊く 茹でる 漬ける

美味。柔らかな葉や茎先を摘み、よく洗ってから天ぷらに。塩茹でして水に晒してから、浸し物、炒め物にも。花穂は素揚げなどで。

花

シロツメクサ

マメ科シャジクソウ属
Trifolium repens

分布 北海道〜琉球
開花期 5〜8月
性質 多年生
収穫期 4〜8月
利用部位 若葉、つぼみ・花
特徴 3小葉の表面には白いV字模様を浮かべていることが多い。ややクリームがかった白い小花をボール状に咲かせる。

COOKING GUIDE

蒸す 揚げる 焼く 炒める 炊く 茹でる 漬ける

葉は丁寧に水洗いし、柄の部分が柔らかくなるまで塩茹でする。これを水に晒し、ゴマ和えや炒め物の具に。つぼみや花は天ぷらで。多食は避ける。

ムラサキツメクサ（アカツメクサ）

マメ科シャジクソウ属
Trifolium pratense

分布 北海道〜琉球
開花期 5〜8月
性質 多年生
収穫期 4〜8月
利用部位 若葉、つぼみ・花
特徴 3小葉は幅が広い卵形で表面に白いV字模様を浮かべる。花色は明るい紅紫色。まれに白花もある。

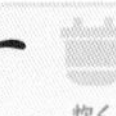

蒸す　揚げる　焼く　炒める　炊く　茹でる　漬ける

シロツメクサと同じ要領で利用できる。つぼみや花は、よく洗ったのち天ぷらにするか、フライにしても美味しい。

クサフジ

マメ科ソラマメ属
Vicia cracca

分布 北海道〜九州
開花期 5〜9月
性質 多年生
収穫期 4〜8月
利用部位 若い茎葉、花穂
特徴 ナヨクサフジに似るが、花色は涼しげな青紫。花のおしりの部分（筒状部）は、花を支える柄よりでっぱることがない。

イチオシ

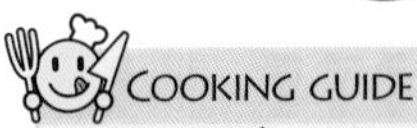

蒸す　揚げる　焼く　炒める　炊く　茹でる　漬ける

美味な種族。道端に棲むが生息地は局所的で出遭えた方は幸運。採集や調理法はヤハズエンドウ（P.40）と同様。風味はずっと良い。

コヒルガオ

ヒルガオ科ヒルガオ属
Calystegia hederacea

分布 本州〜九州
開花期 5〜9月
性質 つる性多年生
収穫期 4〜9月
利用部位 つる先、花、根茎
特徴 葉の基部の両側が左右に大きく張り出し、その先端が2裂することも。花の下にある柄(花柄)に波打つような隆起があるのが大きな特徴。

柔らかなつる先(1〜数センチ)を摘む。よく洗い、軽く塩茹でしてから、好みの味付け(醤油、酢、味噌)で味わう。

ヒルガオ

ヒルガオ科ヒルガオ属
Calystegia pubescens

分布 北海道〜九州
開花期 6〜9月
性質 つる性多年生
収穫期 5〜9月
利用部位 つる先、花、根茎
特徴 葉の基部の両側の張り出しは弱い(葉のフォルムは成長ごとに変化するほか個体差も大きい)。花柄はつるっとして隆起はない(もっともわかりやすい特徴)。

コヒルガオと同じ要領で利用される。どちらとも根も食用にすることができ、天ぷらや煮物、味噌漬けで。花は酢の物にしてもよい。

ゼニアオイ

アオイ科ゼニアオイ属

Malva mauritiana

分布 北海道～琉球

開花期 5～10月

性質 短命な多年生

収穫期 5～10月

利用部位 花

特徴 茎は無毛。葉は手のひら状に裂けるが、裂け方がとても浅い（深く裂けるのはウスベニアオイ。別種だが利用法は同じ。近年、両者を区別しない学説もある）。花色は淡い紫色で、濃厚な紫の筋模様をあつらえる。

開花期に花だけを摘み、風通しの良い場所で乾燥させてハーブティーに。レモン汁を垂らすと色が変わるのでシンプルに楽しい。

ママコノシリヌグイ

タデ科イヌタデ属

Persicaria senticosa

分布 北海道～琉球

開花期 5～10月

性質 1年生

収穫期 5～10月

利用部位 つぼみ・花

特徴 葉は三角形状で、葉の裏には鋭いトゲが整列する。茎にもトゲが並ぶ。花は透明感のある白地に、優しい桃色をそっと乗せる。

つぼみと花は生食すると甘い。花穂を酢を落とした熱湯に軽く通し（花色を保つ）、サラダ、料理、スープなどに散らして楽しむ。

ヤナギタデ

タデ科イヌタデ属
Persicaria hydropiper

分布 北海道～琉球

開花期 7～10月

性質 1年生

収穫期 5～10月

利用部位 葉

特徴 長く伸ばした花穂には花がまばらで、全体がくったりと垂れる。茎にある茶色の膜状になった托葉鞘から3㎜ほどの縁毛が伸びる。

茎葉に強烈な辛味がある。水洗いした葉を刻み、あるいはすり鉢でペースト状にして、カレーの隠し味、アヒージョ用のスパイスに。

シャクチリソバ

タデ科ソバ属
Fagopyrum dibotrys

分布 本州～九州

開花期 7～11月

性質 多年生

収穫期 5～12月

利用部位 柔らかな葉、ソバの実

特徴 丸みのある三角状の葉姿がよく目立つ。葉の葉脈や茎には赤みが差す。花は星形で白色。やがて三角錐状のソバの実がなる。

葉にルチンが豊富で苦みがある。塩茹でして、冷水にしっかり晒したあと、みそ和えにしたり炒め物と合わせる。

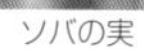
ソバの実

オモダカ

オモダカ科オモダカ属
Sagittaria trifolia

分布 北海道〜琉球

開花期 8〜10月

性質 多年生

収穫期 5〜6、9〜11月

利用部位 若葉（春）、球茎（秋）

特徴 田んぼや水辺に多く、鋭くとがった三角状の葉がよく目立つ。ぽっちゃりした白い花びらを３個つけ、花の中央部は球状になる。

花

COOKING GUIDE

蒸す 揚げる 焼く 炒める 炊く **茹でる** 漬ける

春の若葉はよく洗い、熱湯で茹で、酢味噌や醤油で。晩秋から冬、地下の球茎は泥をよく落とし熱湯で茹でこぼし、煮物、炒め物に。

カラスムギ

イネ科カラスムギ属
Avena fatua var. *fatua*

分布 北海道〜琉球

開花期 4〜6月

性質 1〜越年生

収穫期 5〜7月

利用部位 結実

特徴 V字型に開いた小穂を、祭り飾りのように並べて垂れ下げる姿はユニーク。小穂から黒色の芒（のぎ）を２本ほど突き出す。

結実はお茶で楽しめる。採集したものをザルに入れて水洗いし、水気を拭ってフライパンなどで煎ってからお茶にする。

ワレモコウ

バラ科ワレモコウ属

Sanguisorba officinalis var. *officinalis*

分布 北海道〜九州

開花期 8〜10月

性質 多年生

収穫期 5〜7月

利用部位 若い葉

特徴 長い楕円形をした独特な葉を互生させる。花期には綿棒の先っぽみたいなフォルムのダークな紅紫の花穂をたくさん咲かせる。

イチオシ

痛んでいない若い葉を集め、水洗いし、水気を拭って天ぷらに。これがとても美味。塩茹でし、水に晒してから炒め物にしてもよい。

花

ミズ

イラクサ科ミズ属

Pilea hamaoi

分布 北海道〜九州

開花期 7〜10月

性質 1年生

収穫期 5〜7月

利用部位 若い茎葉

特徴 茎は無毛で透明感のある緑。ほのかに褐色が差すことも多い。葉には鋸歯が整然と並び、葉の先端部は尾状に伸びない。

イチオシ

ミツバの風味がある。柔らかな茎葉をよく洗い、軽く塩茹でして水に晒す。そのまま鰹節と醤油をかけたり辛子マヨネーズをつけて。

アオミズ

イラクサ科ミズ属
Pilea pumila

分布 北海道〜九州
開花期 7〜10月
性質 1年生
収穫期 5〜7月
利用部位 若い茎葉
特徴 茎は無毛で透明感のある緑。葉には鋸歯が並び、葉の先端部が尾状に伸び、花序も枝状に伸びる(ミズは葉のつけ根にまとまる)。

蒸す **揚げる** 焼く **炒める** 炊く **茹でる** **漬ける**

ミズと同じ要領で楽しめる。どちらも水気を多く含むので、浅漬けにして野趣の風味と歯応えを楽しむのもよい。

ガガイモ

キョウチクトウ科ガガイモ属
Metaplexis japonica

分布 北海道〜九州
開花期 7〜8月
性質 つる性多年生
収穫期 5〜7月
利用部位 新芽、つる先
特徴 ウーリーな花姿が印象的。とても甘い香りがある。葉は細長い卵形で白い葉脈が美しく浮かぶ。茎や葉を手折ると白い乳液が出る。

蒸す 揚げる 焼く 炒める 炊く **茹でる** 漬ける

春の新芽、柔らかなつる先を採集。水洗いしてから塩茹でし、水によく晒す。そのままマヨネーズや味噌をからめたり、炒め物に。

ソクズ

ガマズミ科ニワトコ属
Sambucus chinensis var. *chinensis*

分布 北海道〜九州
開花期 7〜8月
性質 多年生
収穫期 5〜7、8〜9月
利用部位 若葉（初夏）、果実（夏）
特徴 民家の周辺や荒れ地で野生化。披針形の葉を2〜6対ほどつける。花が極めて特徴的で、白花の合間に黄色いツボ（腺体）を配置する。

花

COOKING GUIDE

蒸す　揚げる　焼く　炒める　炊く　茹でる　漬ける

若芽・若葉は水洗いして熱湯で塩茹でに。冷水に晒したら、お浸し、和え物に。秋の果実は甘く、ジャムやソースで楽しめる。

ヒナタイノコズチ

ヒユ科イノコズチ属
Achyranthes bidentata var. *tomentosa*

分布 本州〜九州
開花期 8〜10月
性質 多年生
収穫期 5〜8月
利用部位 柔らかな葉
特徴 長楕円形の葉は厚みがあり毛が多く、全体が波打つ傾向が強い。花穂につく花は密に並んでつく。小苞葉の付属体は小さく0.5㎜以下。

柔らかな若葉をよく洗ってから天ぷらに。または塩茹でして水に晒し、和え物や炒め物に。根は利尿、浄血、通経作用がある漢方薬。

ヒカゲイノコズチ

ヒユ科イノコズチ属
Achyranthes bidentata var. *japonica*

分布 本州〜九州
開花期 8〜10月
性質 多年生
収穫期 5〜8月
利用部位 柔らかな葉
特徴 葉の厚みは薄く、毛が少なく、全体が波打たない。花穂につく花はややまばら。小苞葉の付属体は0.6〜1㎜ほどと大きめ。

採集・調理法はヒナタイノコズチと同様。本種の根も利尿、浄血、通経作用のほか関節炎の緩和作用が知られ、漢方薬に配剤される。

スベリヒユ

スベリヒユ科スベリヒユ属
Portulaca oleracea

イチオシ

分布 北海道〜琉球
開花期 6〜9月
性質 1年生
収穫期 5〜8月
利用部位 茎葉(開花前)
特徴 紅褐色の茎は地べたを這い、多肉質で艶がある丸っこい葉を密生させる。花は黄色。午前中に萎むことが多い。こぼれダネで殖える。

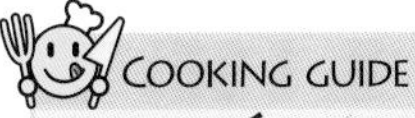

ぬめりがあり美味。よく水洗いし、軽く塩茹でして水に晒す。そのまま冷や麦や素麺、汁の具、浸し物、炒め物に。ミネラル豊富。

ノハラアザミ

キク科アザミ属

Cirsium oligophyllum

分布 東北地方〜近畿地方

開花期 8〜10月

性質 多年生

収穫期 5〜8月

利用部位 若い葉、根茎

特徴 根生葉（根から直接伸びている葉）は開花期にも残る。花の下にある総苞外片は緩く反り返り、触ってもべたつかない。

COOKING GUIDE

蒸す 揚げる 焼く 炒める 炊く 茹でる 漬ける

葉は水洗いし、水気を拭って天ぷらにすると美味。または塩茹でから水に晒し、炒め物に。根はよく洗ってキンピラ、漬物が絶品。

葉

ダンドボロギク

キク科タケダグサ属

Erechtites hieraciifolius

分布 本州〜琉球

開花期 9〜10月

性質 1年生

収穫期 5〜8月

利用部位 若芽、柔らかな葉

特徴 葉には柄がなく、不規則に切れ込む鋸歯が並ぶ。花色は白。北アメリカ原産の帰化植物。

若芽や柔らかな葉を摘みよく洗う。熱湯で塩茹でし、しっかりと流水か冷水に晒し、和え物か、そのまま醤油、辛子マヨネーズなどで。

ノブキ

キク科ノブキ属

Adenocaulon himalaicum

分布 北海道〜九州

開花期 8〜10月

性質 多年生

収穫期 5〜7月

利用部位 若葉

特徴 扇状の葉は茎の下部にまとまってつき、長い柄があり、互生する。花は白で円盤状にまとまる。結実は棍棒状になり輪を描いて並ぶ。

若い葉を採集し、しっかり洗ったのち、細かく刻んで草餅に。天ぷらや、塩茹でしてよく水に晒してから炒め料理に混ぜてもよい。

ベニバナボロギク

キク科ベニバナボロギク属

Crassocephalum crepidioides

分布 本州〜九州

開花期 8〜10月

性質 1年生

収穫期 5〜7月

利用部位 若芽、柔らかな葉

特徴 葉には柄があり、全体が荒く切れ込み、先端部が目立って大きい。花は濃厚な朱色〜赤色。熱帯アフリカ原産の帰化植物。

花

若芽や柔らかな葉を摘む。水洗いから熱湯で塩茹でし、しっかりと冷水に晒す。和え物や、そのまま醤油、辛子マヨネーズなどで。

ツユクサ

ツユクサ科ツユクサ属
Commelina communis

分布 北海道〜琉球
開花期 6〜9月
性質 1年生
収穫期 5〜9月
利用部位 地上部
特徴 肉厚で、艶がある披針形の葉を互生させる。茎ははじめ地を這い、盛んに枝分かれをしながら斜めに立ち上がる。花は鮮やかな青系。

イチオシ

蒸す　揚げる　焼く　炒める　炊く　茹でる　漬ける

美味な万能食材。花茎は天ぷらに。茎葉をよく洗い、塩茹でから水に晒し、大根おろし和えにすると絶品。炒め物、スープの具にも。

クズ

マメ科クズ属
Pueraria lobata subsp. *lobata*

分布 北海道〜九州
開花期 8〜9月
性質 つる性多年生
収穫期 5〜9月
利用部位 若いつる先、つぼみ・花
特徴 茎には褐色の毛が密生する。大きな3小葉をワンセットにして広げ、鉄塔すら覆うほど茂る。花はグレープ色で甘い芳香に満ちる。

イチオシ

花

蒸す　揚げる　焼く　炒める　炊く　茹でる　漬ける

若いつる先は天ぷらが美味。または塩茹でして水に晒してから皮を剥き、和え物、浸し物、炒め物に。晩夏の花穂は天ぷらが美味しい。

夏の道ばた
主に夏ごろ食べられる草

メマツヨイグサ

アカバナ科マツヨイグサ属
Oenothera biennis

分布 北海道〜九州
開花期 6〜10月
性質 可変2年生
収穫期 6〜10月
利用部位 花
特徴 カップ咲きの花色は明るいレモン系で甘い香気をもつ。全草は大きく直立。細長い葉の主脈は赤くなり、萎んだ花は黄色。

香気に満ちた花蜜を楽しむには開花直後の夕方5〜6時以降に採集。軽く水洗いしてサラダで生食。花の裏に薄いコロモをつけ天ぷらで。

アキノノゲシ

キク科アキノノゲシ属
Lactuca indica var. *indica*

分布 北海道〜琉球
開花期 9〜11月
性質 1〜越年生
収穫期 6〜10月
利用部位 柔らかい葉
特徴 切れ込みのある長い葉をらせん状に並べ立て、こんもりと茂るのでよく目立つ。花色は淡くて甘いレモンイエロー。

ほろ苦さがあるが美味。よく洗い、軽く塩茹でしたら水に晒す。苦みを除くなら水を変えて再度晒し、サラダ、和え物、炒め物で。

花

シマツユクサ

ツユクサ科ツユクサ属
Commelina diffusa

分布 関東以西〜琉球
開花期 7〜11月
性質 1年生
収穫期 6〜11月
利用部位 地上部
特徴 花びら3枚(上2枚および中央下にある小さな花びら)はすべて青色(ツユクサは上2枚が青で中央が白)。苞の先端が鎌状に曲がる。

イチオシ

COOKING GUIDE

蒸す 揚げる 焼く 炒める 炊く 茹でる 漬ける

万能食材。花茎を天ぷらに。または茎葉をよく洗い、塩茹でから水に晒し、大根おろし和えで。炒め物、スープの具、麺類にも合う。

ノチドメ

ウコギ科チドメグサ属
Hydrocotyle maritima

分布 本州〜琉球
開花期 6〜10月
性質 多年生
収穫期 6〜11月
利用部位 葉
特徴 円形の葉の基部はV字型の切れ込みが入る。葉の両面に長くて白い毛がまばらに生えているのが特徴。花穂は葉の下で開花。

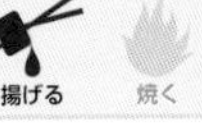

蒸す 揚げる 焼く 炒める 炊く 茹でる 漬ける

身近な草地でマット状に広がっている。茎葉を丁寧に採取したら、よく水洗いして、天ぷら、お浸し、和え物、薬味などで楽しめる。

ドクダミ

ドクダミ科ドクダミ属
Houttuynia cordata

分布 本州～琉球
開花期 5～6月
性質 多年生
収穫期 6～7月
利用部位 全草
特徴 葉はハート形で先端がとがる。色彩は深い緑をベースに縁取りは暗い赤紫色。4枚の白い総苞片の中央から円筒状の花穂を突き出す。

刺激臭は加熱・乾燥させると弱くなる。よく洗って天ぷらに。根も塩茹で後、しっかり水に晒し、味噌漬け、醤油漬け、炒め物に。

ジャノヒゲ

クサスギカズラ科ジャノヒゲ属
Ophiopogon japonicus var. *japonicus*

分布 北海道～九州
開花期 6～7月
性質 多年生
収穫期 6～8月
利用部位 根茎
特徴 細く長い葉（幅2～4㎜）をこんもりと茂らせる。花は白～淡い赤紫色でうな垂れるように咲かせる。果実は艶のある瑠璃色系。

咳止め、去痰、強壮作用の薬湯。根の肥大分を採集して日干し。400mlの水に1日量7ｇを半量まで煎じつめ、1日3回に分けて服用。

根の肥大部

カナムグラ

アサ科カラハナソウ属
Humulus japonicus

分布 北海道〜九州
開花期 8〜10月
性質 つる性多年生
収穫期 6〜8月
利用部位 つる先
特徴 葉脈のしわがよく目立つ葉は、手のひら状に深く切れ込み5〜7裂。これが対生してつく。葉や茎には小さな下向きのトゲが並ぶ。

柔らかなつる先を採取し、よく水洗いする。水気を拭って天ぷらに。または塩茹でから水に晒し、ゴマや味噌などと和えて。

エノコログサ

イネ科アワ属
Setaria viridis var. *viridis*

分布 北海道〜琉球
開花期 6〜9月
性質 1年生
収穫期 7〜10月
利用部位 結実
特徴 この仲間では早い時期から開花し、花穂は直立する傾向がある。識別には花(実のような部分)を見る。小穂の第1苞穎は小穂の1/3以下で、第2包穎は小穂をすっぽり覆う。

香ばしいお茶に。花穂をしごき種子を集め、水で汚れを流し、フライパンか土鍋で乾煎り。これに熱湯を注いで秋の風味を楽しむ。

オオエノコログサ

イネ科アワ属
Setaria × pycnocoma

分布 北海道～琉球
開花期 7～10月
性質 1年生
収穫期 8～11月
利用部位 結実
特徴 花穂がとても大きく、その重さでうな垂れることが多い。花穂のなかで枝分かれし、その先端に果実をつける点が大きな特徴。

採集・調理法はエノコログサと同様。穀物のアワが野生のエノコログサと再交雑して産まれたのが本種。結実の量も多く採集も容易。

ササクサ

イネ科ササクサ属
Lophatherum gracile

分布 関東以西～琉球
開花期 8～10月
性質 多年生
収穫期 8～10月
利用部位 地上部
特徴 ササによく似た葉をつけ、そこから高い花茎を伸ばす。花を枝の片側にぱらぱらとつける姿が独特。雑木林や藪の縁に棲む。

解熱、歯痛や口腔炎の緩和などの薬湯。地上部を洗って日干しに。水600mlに1日量5gを入れ半量まで煎じつめ、1日3回に分けて服用。

シソ

シソ科シソ属
Perilla frutescens var. *crispa*

分布 北海道～琉球
開花期 9～10月
性質 1年生
収穫期 6～9、10月
利用部位 葉（開花前）、種子（秋）
特徴 野生種は交雑して色や形が一定しない。一般的に広卵形の葉に細かい鋸歯が並び先端がとがる。葉色は緑～赤紫。独特の香気がある。

湿った半日蔭に育つものは香りが高い。薬味や香味に利用。種子を煎じたものは風邪（解熱、鎮痛、炎症緩和など）に利用される。

COOKING GUIDE

蒸す 揚げる 焼く 炒める 炊く 茹でる 漬ける

アキノタネツケバナ

アブラナ科タネツケバナ属
Cardamine autumnalis

分布 詳細不明
開花期 8～11月
性質 1年生
収穫期 7～11月
利用部位 葉
特徴 タネツケバナに酷似するが、小葉が綺麗なモミジ状に裂けるほか、小葉の合間などに「さじ状の小さな葉（小葉片）」をつける。

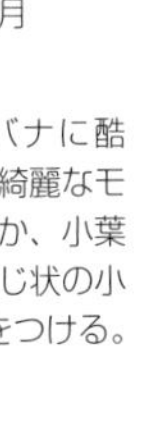

風味はとても良い。水洗いして生食もできるが水辺のものは熱湯で加熱したほうが安全。軽く湯通ししてサラダ、お浸し、炒め物に。

COOKING GUIDE

蒸す 揚げる 焼く 炒める 炊く 茹でる 漬ける

ヤマミズ

イラクサ科ミズ属
Pilea japonica

分布 宮城以南～九州
開花期 9～10月
性質 1年生
収穫期 7～9月
利用部位 葉
特徴 雑木林の湿った道端で群れている。草丈は20㎝ほどと小型で、全草無毛。茎は褐色を帯び、葉は緑色。葉の先端がやや尾状に伸びる。

茎葉を採取し、よく水洗いする。軽く塩茹でして水に晒したらそのまま鰹節をふり醤油をかけたり、辛子マヨネーズをつけて楽しむ。

ヤマノイモ

ヤマノイモ科ヤマノイモ属
Dioscorea japonica

分布 本州～琉球
開花期 7～9月
性質 つる性多年生
収穫期 8～11月
利用部位 むかご、地下のイモ
特徴 茎は無毛で暗い赤紫色を帯びる。細長いハート形をした葉はふつう対生するが、若い時期は互生するなど、葉の付き方には個体ごとに変化がある。葉のつけ根にむかごをつける。

晩夏に実るむかごは生食可。これを集め、水洗いしてからむかご御飯に。塩茹でして水に晒し、煮物や浅漬け、椀物の具に。

ナガイモ

ヤマノイモ科ヤマノイモ属
Dioscorea polystachya

分布 本州～琉球
開花期 7～9月
性質 つる性多年生
収穫期 8～11月
利用部位 むかご、地下のイモ
特徴 ヤマノイモによく似るが、本種の葉は上部が耳状に大きく張り出す点が大きく違う。雑木林や藪などでしばしば出会う。

蒸す 揚げる 焼く 炒める 炊く 茹でる 漬ける

栽培されるほか野生もある。おもにむかごを採集して楽しむ。調理の方法はヤマノイモと同様。粘りや腰が強めで風味も高い。

コナギ

ミズアオイ科ミズアオイ属
Monochoria vaginalis

分布 本州～琉球
開花期 9～11月
性質 1年生
収穫期 8～11月
利用部位 若い葉
特徴 田んぼに多数。草丈は5～30㎝。つやつやしてとんがった葉を伸ばし、その中心に青紫色の美しい花を咲かせる。

蒸す 揚げる 焼く 炒める 炊く 茹でる 漬ける

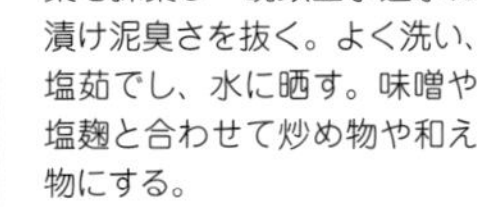

葉を採集し一晩以上水道水に漬け泥臭さを抜く。よく洗い、塩茹でし、水に晒す。味噌や塩麹と合わせて炒め物や和え物にする。

秋の道ばた

主に秋ごろ食べられる草

ヤクシソウ

キク科アゼトウナ属

Crepidiastrum denticulatum

分布 北海道～九州

開花期 8～11月

性質 越年性

収穫期 9～10月

利用部位 葉

特徴 雑木林の縁などに多い。葉は倒卵形で浅い鋸歯があり、葉のつけ根が耳状に張り出して茎を抱く。花は小型で黄色。花数が豪華。

葉

COOKING GUIDE

葉を摘み、よく水洗いして塩茹でに。しっかり水に晒したらマヨネーズなどで楽しむ。ほろ苦さが特徴。開花期に覚えておくとよい。

コガマ

ガマ科ガマ属

Typha orientalis

分布 本州～九州

開花期 7～8月

性質 多年生

収穫期 9～10月

利用部位 花粉

特徴 葉の幅は5～10㎜(ガマより狭い)。穂の長さはガマの半分ほど。幅も23㎜以下と狭く、下の方がわずかに細くなる。

蒸す 揚げる 焼く 炒める 炊く 茹でる 漬ける

コガマとガマの花粉は民間療法で優秀な止血薬、利尿薬とされてきた。ガマは新芽を食用とするがコガマの風味のほどは不明。

ツルマメ

マメ科ダイズ属
Glycine max subsp. *soja*

分布 北海道〜九州
開花期 8〜9月
性質 つる性1年生
収穫期 9〜10月
利用部位 マメ（未熟）
特徴 ダイズの原種と考えられている。3小葉が細長い卵形。花も特徴的なミニサイズで赤紫色。豆果の表面に茶褐色の毛が密生する。

イチオシ

未熟な豆は「味わい濃厚なエダマメ」で美味。塩茹でしたらそのまま食べるか、天ぷらのかき揚げや、椀物の具、煮物などでも。

豆果

ススキ

イネ科ススキ属
Miscanthus sinensis

分布 本州〜琉球
開花期 8〜10月
性質 多年生
収穫期 9〜10月
利用部位 花穂
特徴 花穂の色彩は黄金色〜赤紫色。芒（のぎ：毛のようなもの）が目立って長く伸びる。葉の縁は指先が切れるほど鋭くざらつく。

花穂をしごいて小穂を集めて軽く乾煎りし、お茶にする。ふんわりした優しい香りが立つ。ほかの秋の野草を混ぜて味わうのも風雅。

ハチジョウススキ

イネ科ススキ属
Miscanthus condensatus

分布 千葉以西〜琉球
開花期 8〜10月
性質 多年生
収穫期 9〜10月
利用部位 花穂
特徴 沿岸部に育つ。花穂の特徴はススキと同じ。稈の太さが20㎜以上と太く（ススキは20㎜以下）、葉の縁のざらつきは弱い。

ススキと同じ要領で楽しめる。葉の表面はくすんだような色彩で、わずかに青みがかった灰白色。裏面も白っぽくなる傾向がある。

オギ

イネ科ススキ属
Miscanthus sacchariflorus

分布 北海道〜九州
開花期 9〜10月
性質 多年生
収穫期 9〜10月
利用部位 花穂
特徴 花穂の色彩は白銀色。芒（のぎ：毛のようなもの）は短く目立たない。花穂にボリューム感があり、片側に偏ってうな垂れる傾向がある。

採集・利用法はススキと同じ。オギとススキは混同されることが多いが、オギの花穂は白銀で、ススキは黄金色。

アキノエノコログサ

イネ科アワ属
Setaria faberi

分布 北海道～琉球
開花期 8～10月
性質 1年生
収穫期 9～11月
利用部位 結実
特徴 本種の花穂は長く、くったりと垂れ下げることが多い。第1苞穎は小穂の長さの1/2ほどで、第2苞穎は2/3以上になる。

採集・利用法はエノコログサと同じでお茶にする。花穂が大きいので、収穫も容易で収量も多め。道ばたで大群落を築いている。

ホウキギ

ヒユ科ホウキギ属
Kochia scoparia var. *scoparia*

分布 北海道～琉球
開花期 8～10月
性質 1年生
収穫期 9～11月
利用部位 結実
特徴 株は細かな枝分かれを繰り返し、繊細な葉を密集させ、見るからにこんもりと茂る。明るい緑の葉は秋になると美しく紅葉する。

COOKING GUIDE

蒸す 揚げる 焼く **炒める** 炊く 茹でる 漬ける

しごき落とした実は熱湯で1時間茹でる。続いてボールにあけて水を入れ、手揉みでカスを除き、油炒め、佃煮、おろし和えにすると美味。

ハマスゲ

カヤツリグサ科カヤツリグサ属
Cyperus rotundus

分布 関東以西～琉球
開花期 6～10月
性質 多年生
収穫期 10～11月
利用部位 塊茎の肥大部
特徴 草丈30cmほどの小型種。茎の先に細長い苞(ほう：葉のように見えるもの)を1～2本ほど伸ばし、その中心部からよく目立つレンガ色した小穂を3～8本ほど出す。

鎮痛、胃腸炎の緩和、鎮静の薬湯となるが普通のお茶でも楽しめる。よい香りの根の肥大部を集め、丁寧に水洗いしてから日干しに。

ジュズダマ

イネ科ジュズダマ属
Coix lacryma-jobi

分布 北海道～琉球
開花期 8～10月
性質 1年生
収穫期 10～11月
利用部位 果実(完熟)
特徴 ハトムギの母種と考えられている。草丈は1～2mと大型で、葉の幅は40mmほどと太く、主脈は白。結実は灰白色～黒褐色で非常に硬い。

蒸す 揚げる **焼く** 炒める 炊く 茹でる 漬ける

結実はとても美味で香ばしい健康茶になる。硬い外皮を取り除いてフライパンなどで乾煎りし、お茶にする。漢方薬として消炎、利尿、鎮痛作用。

ヤブツルアズキ

イチオシ

マメ科ササゲ属

Vigna angularis var. *nipponensis*

分布 本州〜九州

開花期 8〜9月

性質 つる性1年生

収穫期 10〜12月

利用部位 マメ(完熟)

特徴 アズキの原種と考えられている。花はレモン色で、花の中心部が曲がりくねった独特のフォルム。3小葉は卵形で浅く3裂。豆果は無毛。

COOKING GUIDE

豆は小さいが風味はひときわ濃厚で美味。豆の表面が茶色くなり完熟した頃に収穫。市販のアズキと同じ要領で楽しむことができる。

豆果

ヤブマメ

マメ科ヤブマメ属

Amphicarpaea edgeworthii

分布 本州〜九州

開花期 9〜10月

性質 つる性1年生

収穫期 10〜12月

利用部位 地中のマメ

特徴 3小葉は幅が広い卵形。花は筒状に伸びて白地に赤紫色をあしらう。豆果は平べったく無毛で縁だけに毛がある。豆はマーブル模様。

COOKING GUIDE

根にも豆が実る。これを集め、水洗いして塩茹でする。水に晒してから甘辛く炒めたり煮物に混ぜたり。また炊き込み御飯の具にも。

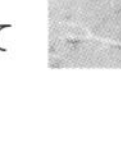

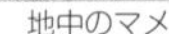

地中のマメ

ヤブラン

クサスギカズラ科ヤブラン属
Liriope muscari

分布 関東以西～九州
開花期 7～9月
性質 多年生
収穫期 10～3月
利用部位 根茎
特徴 艶がある長い葉を伸ばして茂る。葉の幅は5～15㎜ほど。花は赤紫色で豪華に並べ立てる。果実は黒熟する。

根の肥大部

滋養強壮、咳止め、去痰の薬湯。秋に根の肥大部を採取して日干しに。水300mlに1日量5ｇを入れ半量まで煮詰める。1日3回服用。

セイタカアワダチソウ

キク科アキノキリンソウ属
Solidago altissima

分布 北海道～琉球
開花期 10～11月
性質 多年生
収穫期 10～11月
利用部位 花穂
特徴 茎や葉には微細な毛が生える。茎の中間にある細長く伸びた葉の鋸歯数は10対以下で、葉の色は黄緑色。

この味わいは好き嫌いが分かれる。秋の開花期につぼみや花を収穫し、流水などでゴミを除いたあと、水気を切って天ぷらで。

冬の道ばた

主に冬ごろ食べられる草

エビヅル

ブドウ科ブドウ属
Vitis ficifolia var. *lobata*

分布 北海道〜九州
開花期 6〜8月
性質 つる性木本
収穫期 11〜12月
利用部位 果実(完熟)
特徴 雑木林や藪でよく見る。葉は恐竜の足跡のように浅く3裂し、裏面には白い毛が密生する。果実は緑色で完熟すると黒くなる。

COOKING GUIDE
蒸す 揚げる 焼く 炒める 炊く 茹でる **漬ける**

霜に当たるほど果実の甘みが増す。これを集め、よく洗ったものは生食可。デザートに添えたり、ジャムに加工したり、果実酒に。

結実

ダイコンソウ

バラ科ダイコンソウ属
Geum japonicum var. *japonicum*

分布 北海道〜九州
開花期 6〜8月
性質 多年生
収穫期 11〜4月
利用部位 ロゼットの葉
特徴 株元の葉は先端の葉が最も大きく、その下に1対の小葉がつく(ないこともある)。葉姿が地味なので開花期に覚えておくとよい。

蒸す **揚げる** 焼く **炒める** 炊く **茹でる** 漬ける

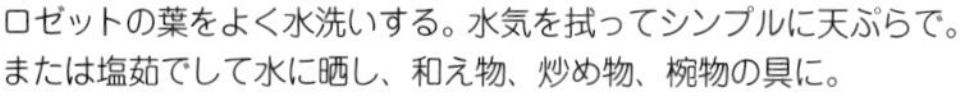

ロゼットの葉をよく水洗いする。水気を拭ってシンプルに天ぷらで。または塩茹でして水に晒し、和え物、炒め物、椀物の具に。

花

キンミズヒキ

バラ科キンミズヒキ属
Agrimonia pilosa var. *japonica*

分布 北海道〜九州
開花期 7〜10月
性質 多年生
収穫期 11〜4月
利用部位 ロゼットの葉
特徴 大きめの小葉は5〜9個。本種の葉姿も地味で、しかも変異が多いため、開花期に育つ場所を覚えておくとよい。道端に多い。

COOKING GUIDE

蒸す　**揚げる**　焼く　**炒める**　炊く　**茹でる**　漬ける

採集・調理法はダイコンソウと同様。本種の全草を煎じたものは口内炎や下痢の緩和、外用では湿疹・かぶれの緩和に利用される。

花

ヘラオオバコ

オオバコ科オオバコ属
Plantago lanceolata

分布 北海道〜琉球
開花期 4〜9月
性質 多年生
収穫期 11〜4月
利用部位 若葉
特徴 中心部から細長い葉を放射状に伸ばし、葉脈は白く平行して走る。すっと伸ばした花茎の上に卵型したユニークな花穂をつける。

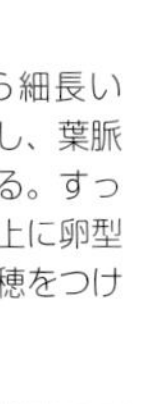

COOKING GUIDE

蒸す　**揚げる**　焼く　炒める　炊く　**茹でる**　漬ける

葉はクセがなく食べやすい。塩茹でしてゴマ和えなどで。全草や種子を煎じたものは止血、消炎作用、胃腸の改善などに用いられる。

花

オオバコ

オオバコ科オオバコ属
Plantago asiatica var. *asiatica*

分布 北海道〜琉球
開花期 5〜10月
性質 多年生
収穫期 11〜4、9〜10月
利用部位 若葉（冬）、種子（秋）
特徴 中心部から広卵形の葉を伸ばし、数本の葉脈が目立つ。葉の基部は切り型もしくは丸型になる。花穂はスティック状。

蒸す　揚げる　焼く　炒める　炊く　茹でる　漬ける

冬の健康な葉は香味豊かで美味。和え物、炒め物に。秋の種子は乾煎りしてセサミのように料理やお菓子に振りかけて香味を楽しむ。

花

イヌガラシ

アブラナ科イヌガラシ属
Rorippa indica

分布 北海道〜琉球
開花期 4〜10月
性質 多年生
収穫期 12〜4月
利用部位 ロゼット、若い茎葉
特徴 葉に不規則な荒い鋸歯がある。花びらは黄色。よく似たものが多く、慣れぬうちは結実で覚える。本種の結実は、細長く伸び、やや湾曲するほか、果柄は結実より明らかに短い。

綺麗な葉を丁寧に採集して水洗いする。水気を拭って天ぷらに。または塩茹でして水に晒し、ごま和え、酢味噌和え、炒め物も美味。

スカシタゴボウ

アブラナ科イヌガラシ属
Rorippa palustris

分布 北海道～琉球
開花期 4～7月
性質 越年生
収穫期 12～4月
利用部位 ロゼット、茎葉、主根
特徴 イヌガラシと同じような場所に育ち、姿もよく似る。結実の姿が特徴的で、短い楕円形。茎葉のつけ根はわずかに茎を抱く。

蒸す 揚げる 焼く 炒める 炊く 茹でる 漬ける

採集・調理法はイヌガラシと同様。根（主根）に香味があって美味しい。よく水洗いして塩茹でし、水に晒し、炒め物、煮物などに。

ギシギシ

タデ科ギシギシ属
Rumex japonicus

分布 北海道～琉球
開花期 4～6月
性質 多年生
収穫期 12～5月
利用部位 新芽、若葉
特徴 巨大で長く伸ばした葉を四方八方に広げる。主脈は白っぽい。結実で見分け、結実を包む内花被片の上部に弱いギザギザがある。

蒸す 揚げる 焼く 炒める 炊く 茹でる 漬ける

シュウ酸が豊富なため多食は避ける。冬の若芽を摘み、重曹を入れた熱湯で軽く茹で、しっかり水に晒す。酢味噌和えや汁の実に。

葉姿

エゾノギシギシ

タデ科ギシギシ属
Rumex obtusifolius

分布 北海道〜琉球
開花期 6〜9月
性質 多年生
収穫期 12〜5月
利用部位 新芽、若葉
特徴 ギシギシに酷似するが、葉脈に赤みが差し、葉の裏面の主脈上に微細な突起が並ぶ。結実の内花被片はとがるようなギザギザがある。

COOKING GUIDE

蒸す　揚げる　焼く　**炒める**　炊く　**茹でる**　漬ける

ギシギシと同じ要領で利用できる。ギシギシの仲間は複数あり自然交雑する。厳密な識別は結実を中心に全草の特徴を総合判断する。

葉姿

スイバ

タデ科ギシギシ属
Rumex acetosa

分布 本州〜琉球
開花期 5〜8月
性質 多年生
収穫期 12〜6月
利用部位 新芽、柔らかな茎
特徴 ギシギシ類に似るが、葉の基部がV字型になる点が大きく違う（ギシギシ類は切り型か心形になる）。

COOKING GUIDE

若葉は水洗いして天ぷらに。太い茎は洗って皮を剥き、重曹を入れた熱湯でしっかり茹でて冷水に晒す。酢の物、和え物、汁の具に。

葉姿

さくいん

著者プロフィール

森 昭彦（もり・あきひこ）

サイエンス・ジャーナリスト、自然写真家。生態系の調査研究活動のほか国内外の植物民俗学研究・執筆に従事。主な著書に『身近な雑草たちの奇跡』、『うまい雑草、ヤバイ野草』、『身近にある毒植物たち』、『身近な野菜の奇妙な話』（いずれもSBクリエイティブ）、『帰化＆外来植物見分け方マニュアル950種』（秀和システム）ほか多数。TV、ラジオ、新聞、雑誌などに寄稿多数。

参考文献

平野隆久／写真、畔上能力／解説、林弥栄／初版監修、門田裕一／改定版監修ほか
『増補改訂新版　野に咲く花』（山と渓谷社、2013年）
門田裕一／改定版監修、永田芳男／写真、畔上能力／編・解説
『増補改訂新版　山に咲く花』（山と渓谷社、2013年）
神奈川県植物誌調査会／編『神奈川県植物誌2018』（神奈川県植物誌調査会、2018年）
佐竹義輔、大井次三郎、北村四郎、亘理俊次、冨成忠夫／編著
『フィールド版　日本の野生植物　草本』（平凡社、1985年）
清水建美／編『日本の帰化植物』（平凡社、2003年）
青葉高／著『日本の野菜文化史事典』（八坂書房、2013年）
いがりまさし／著『増補改訂 日本のスミレ』（山と渓谷社、2004年）
岡田稔／監修『新訂原色 牧野和漢薬草大図鑑』（北隆館、2002年）
宇都宮貞子／著『植物と民俗（民俗民芸双書87）』（岩崎美術社、1982年）
斎藤たま／著『野山の食堂 子どもの採集生活』（論創社、2013年）
山下智道／著『野草と暮らす365日』（山と渓谷社、2018年）
山下智道／著『なんでもハーブ284』（文一総合出版、2020年）
ほか多数

食べられる草ハンドブック

2021年 8 月20日　初版第 1 刷発行
2024年 8 月 1 日　初版第10刷発行

著　者　　森 昭彦
編集協力　開発社
発行者　　石井 悟
発行所　　株式会社自由国民社
〒171-0033　東京都豊島区高田3－10－11　　電話　03-6233-0781（代表）
造　本　　ＪＫ
印刷所　　大日本印刷株式会社
製本所　　新風製本株式会社